新型职业农民创业致富技能宝典
规模化养殖场生产经营全程关键技术丛书

规模化肉鸡养殖场生产经营全程关键技术

王海威　王　珍　罗　艺　主编

中国农业出版社
北　京

图书在版编目（CIP）数据

规模化肉鸡养殖场生产经营全程关键技术 / 王海威，王珍，罗艺主编.—北京：中国农业出版社，2019.1（2023.4重印）

（新型职业农民创业致富技能宝典·规模化养殖场生产经营全程关键技术丛书）

ISBN 978-7-109-24460-3

Ⅰ. ①规…　Ⅱ. ①王… ②王… ③罗…　Ⅲ. ①肉鸡-饲养管理-问题解答　Ⅳ. ①S831.92-44

中国版本图书馆CIP数据核字（2018）第180901号

中国农业出版社出版

（北京市朝阳区麦子店街18号楼）

（邮政编码 100125）

责任编辑　武旭峰　刘宗慧　黄向阳

文字编辑　张庆琼

三河市国英印务有限公司印刷　　新华书店北京发行所发行

2019年1月第1版　　2023年4月河北第2次印刷

开本：880mm × 1230mm　1/32　　印张：9.25

字数：196千字

定价：33.00元

规模化养殖场生产经营全程关键技术丛书
编委会

本书编写人员

主　编　王海威　王　珍　罗　艺

副主编　谢友慧　王丽辉　张昌莲

李　静　赵献芝　高广亮

参　编　王启贵　王阳铭　梁明荣

杨金龙　彭祥伟　高　君

陈明君　李　琴　吴　睿

钟　航　张克山　游斌杰

PREFACE 序

改革开放以来，我国畜牧业经过近40年的高速发展，已经进入了一个新的时代。据统计，2017年，全年猪牛羊禽肉产量8 431万吨，比上年增长0.8%。其中，猪肉产量5 340万吨，增长0.8%；牛肉产量726万吨，增长1.3%；羊肉产量468万吨，增长1.8%；禽肉产量1 897万吨，增长0.5%。禽蛋产量3 070万吨，下降0.8%。牛奶产量3 545万吨，下降1.6%。年末生猪存栏43 325万头，下降0.4%；生猪出栏68 861万头，增长0.5%。从畜禽饲养量和肉蛋奶产量看，我国已然是养殖大国，但距养殖强国差距巨大，主要表现在：一是技术水平和机械化程度低下导致生产效率较低，如每头母猪每年提供的上市肥猪比国际先进水平少8～10头，畜禽饲料转化率比发达国家低10%以上；二是畜牧业发展所面临的污染问题和环境保护压力日益突出，作为企业，在发展的同时应该如何最大限度地减少环境污染；三是随着畜牧业的快速发展，一些传染病也在逐渐增多，疫病防控难度大，给人畜都带来了严重危害。如何实现“自动化硬件设施、畜禽遗传改良、生产方式、科学系统防疫、生态环境保护、肉品安全管理”等全方位提升，促进我国畜牧业从数量型向质量效益型转变，是我国畜牧科研、教学、技术推广和生产工作者必须高度重视的问题。

党的十九大提出实施乡村振兴战略，2018年中央农村工作会议提出以实施乡村振兴战略为总抓手，以推进农业供给侧结构性改革为主线，以优化农业产能和增加农民收入为目标，坚持质量兴农、绿色兴农、效益优先，加快转变农业生产方式，推进改革创新、科技创新、工作创新，大力构建现代农业产业体系、生产体系、经营体系，大力发展新主体、新产业、新业态，大力推进质量变革、效率变革、动力变革，加快农业农村现代化步伐，朝着决胜全面建成小康社会的目标继续前进，这些要求对畜牧业发展既是重要任务，也是重大机遇。推动畜牧业在农业中率先实现现代化，是畜牧业助力“农业强”的重大责任；带动亿万农户养殖增收，是畜牧业助力“农民富”的重要使命；开展养殖环境治理，是畜牧业助力“农村美”的历史担当。农业农村部部长韩长赋在全国农业工作会议上的讲话中已明确指出，我国农业科技进步贡献率达到57.5%，畜禽养殖规模化率已达到56%。今后，随着农业供给侧结构性调整的不断深入，畜禽养殖规模化率将进一步提高。如何推广畜禽规模化养殖现代技术，解决规模化养殖生产、经营和管理中的问题，对进一步促进畜牧业可持续健康发展至关重要。

为此，重庆市畜牧科学院联合西南大学、重庆市畜牧技术推广总站、重庆市水产技术推广站和畜禽养殖企业的专家学者及生产实践的一线人员，针对养殖业中存在的问题，系统地编撰了规模化养殖场生产经营全程关键技术丛书，按不同畜种独立成册，包括生猪、蜜蜂、肉兔、肉鸡、蛋鸡、水禽、肉羊、肉牛、水产品共9个分册。内容紧扣生产实际，以问题为导向，针对从建场规划到生产出畜产品全过程、各环节遇到的常见问题和热点、难点问题，提出问题，解决问题。提问具体、明确，解答详细、充实，图文并茂，可操作性强。我们真诚地希望这套丛书能够为规模化养殖场饲养员、技术员及相关管理人员提供最为实用的技术帮助，为新型职业农民、家庭农场、农民合作社、农业企业及社会化服务组织等新型农业生产经营主体在产业选择和生产经营中提供指导。

刘作华

2018年7月20日

FOREWORD 前言

近30年以来，我国家禽业飞速发展，现已成为家禽生产的大国。其中肉鸡产业的发展格局亦发生了深刻的变化，主要表现在以下几方面：一是总产量逐步增长，位列世界第二位。2015年全国出栏肉鸡达到了90.44亿只（其中白羽肉鸡和黄羽肉鸡合计81.20亿只，817肉杂鸡9.24亿只），鸡肉总产量1407万吨（其中专业型鸡肉产量1255万吨）。二是肉鸡消费量在居民肉类消费总量中的比例逐年提高。1985年为5.8%，2011年提高到15%，鸡肉成为仅次于猪肉的第二大肉类消费品种。三是肉鸡饲养的规模化、专业化程度大幅度提高。商品代肉鸡养殖规模化比例从2003年的67%上升至2014年的90%以上。自2010年以来，农业部开始启动畜禽标准化示范创建活动，进一步促进了全国肉鸡饲养的规模化和标准化。

为了密切配合全国肉鸡产业发展的规模化和标准化，我们组织编写了这本《规模化肉鸡养殖场生产经营全程关键技术》。本书分为十一个部分，专门针对肉鸡场的投资与决策、建设与设备选型、肉鸡的品种、营养需要与日粮配置、饲养管理技术、生产生物安全体系、疾病的诊断、疾病的防治技术、粪污处理与资源化利用、肉鸡福利、规模化肉鸡场的经营管理进行了问题解答。旨在通过通俗易懂的文字并配以生动直观的图片，来向广大肉鸡生产管理者和饲养人员等介绍当前肉鸡生产发展的新技术和新趋势，以进一步促进我国肉鸡产业在畜牧业经济发展新常态下进行科学的转型升级。本书的编写得到了各个方面的大力支持，在此一并致谢。

书中内容，虽经百般努力，但仍难免出现错误和不妥之处，还望广大读者和同行不吝赐教，以便有机会在重印或再版时予以修订补充。

编　者

2018年8月

CONTENTS 目录

第一章　规模化肉鸡场的投资与决策

第一节　产业发展现状与趋势

1. 世界肉鸡产业生产现状如何?

由于肉鸡生产成本相对较低和饮食健康等优点，全球肉鸡业得到了快速的发展。亚洲的中国、印度、泰国、印度尼西亚、马来西亚、伊朗和日本是主要的肉鸡饲养国。美国和巴西是美洲主要的肉鸡生产国。中国自1995年起成为仅次于美国的第二大鸡肉生产国，巴西全球排名第三。

从肉鸡年产量变化看，美国从2011—2015年有逐年增长的趋势，2015年较2011年增长了7.59%；中国从2012年开始有逐年下降的趋势，2015年较2012年减少了59万吨，下降幅度达4.31%；巴西肉鸡产量从2011—2015年经历了先下降后增长的趋势，2015年比2013年增长5.73%；欧盟、印度、俄罗斯、墨西哥等国家的产量从2011—2015年也保持逐年增长的态势，增长率有所不同。

从全世界肉鸡生产总和的变化看，全世界肉鸡生产总量逐年增加，从2011年逐年增长到2015年，增加了598.2万吨，增长了7.35%，年均增长1.84%。

从国际生产份额看，美国的国际生产份额基本保持不变，保持在20%左右；中国的国际生产份额基本保持不变，保持在20%左右，中国的国际生产份额近几年一直在下降，从2012—2015年下降了1.41个百分点；巴西的国际生产份额也有逐年下降趋势，从2011—2015年下降了0.91%；欧盟、印度、俄罗斯、土耳其、泰国的国际生产份额都小幅度上升。

2. 我国肉鸡产业发展现状和特点如何?

我国肉鸡产业发展迅速，生产总量持续增长。改革开放以来，随着一批中外合资企业的成立，通过直接引进国外先进的管理技术和管理制度进行高位嫁接，中国肉鸡产业基本上结束了以农户散养为主的生产方式，转向集约化、规模化饲养，进入专业化的快速增长阶段。

自1987年以来，中国肉鸡产量出现了2次增长，第一次是1987—1996年跳跃式增长阶段，产量从1987年的158.2万吨增长到1996年的867.3万吨，增加709.1万吨，增长了约4.5倍；第二次是1997—2012年稳定增长阶段，产量从1997年的740.6万吨增长到2012年的1 370万吨，增加629.4万吨，增长了约85%。从2012年到2015年，肉鸡产量有小幅度下降，从2012年的1 370万吨下降到2015年的1 311万吨，下降59万吨。2015年我国出栏肉鸡87.9亿只(其中白羽肉鸡39.45亿只，黄羽肉鸡39亿只，817肉杂鸡9.0亿只)，居全球第二位。

我国的肉鸡饲养主要集中在华东、华中、华北和东北等地区。2015年，山东、广东、江苏、辽宁、广西和安徽六个省份的鸡肉生产量达631.0万吨，约占全国鸡肉总产量的49.3%。

3. 世界肉鸡总消费情况如何?

从近5年世界肉鸡消费情况看，美国消费量最高，占全世界消费份额的17%左右；其次是中国，占16%左右；再次是欧盟，占11.4%左右。从肉鸡消费量的变化看，美国增加趋势明显，从2012—2015年，增加162.9万吨，增长了12.21%；中国呈下降趋势，从2012—2015年，减少64.8万吨，下降了4.78%；欧盟也在不断增加，从2011—2015年，增长了8.49%；巴西呈现增减波动状态；其他国家均呈现出逐年增加态势。

从全世界肉鸡消费总量的变化看，全世界肉鸡消费量也在逐年增加，从2011—2015年，增加551.9万吨，增长了6.9%，年均增长1.72%。从国际份额看，美国的国际消费份额呈先减后增的趋势；中国有逐年下降的趋势，从2011—2015年下降1.2%；欧盟的变化幅度很小；印度呈上升趋势；其他国家变化不大。

4. 我国肉鸡总消费情况如何？

我国肉鸡产量基本上满足我国的肉鸡消费，肉鸡消费的增加主要分为2个阶段，第一阶段是1987—1996年跳跃式增长阶段，消费量从1987年的152.8万吨增长到1996年的898.8万吨，增加了746万吨，增长了4.88倍；第二阶段是1997—2012年稳定增长阶段，消费量从1997年的744.2万吨增长到2012年的1 354.3万吨，增加610.1万吨，增长了81.98%。2012—2015年，肉鸡消费量有小幅度下降，从2012年的1 354.3万吨下降到2015年的1 289.5万吨，下降64.8万吨。

人均消费量也呈现同样变化趋势，分为2个阶段，第一阶段是1987—1996年跳跃式增长阶段，人均消费量从1987年的1.40千克增长到1996年的7.34千克，增加5.94千克，增长了4.24倍；第二阶段是1997—2012年稳定增长阶段，人均消费量从1997年的6.02千克增长到2012年的10千克，增加3.98千克，增长了66.11%。2012—2015年，肉鸡人均消费量有小幅度下降，从2012年的10千克下降到2015年9.48千克，下降0.52千克。

5. 我国肉鸡养殖规模状况如何？

近年来随着我国鸡肉产量的快速发展，我国肉类食品在国际市场所占份额越来越大，食品安全问题也随之而来，因此迫切需要改变原来的那种农户养殖为主的生产模式。我国规模化肉鸡饲养有较快的发展，各地区肉鸡饲养规模和数量一直在上升，专业化生产程度也在不断提高。

2005年出栏10万～50万只的大中规模肉鸡场有1 514户；出栏50万只以上大规模肉鸡场有201户。自2008年国家肉鸡产业技术体系启动以来，积极推动肉鸡产业技术的提升。农业部畜牧业司从2010年开始实施畜禽规模化标准化示范创建活动，使我国肉鸡产业的规划建设、技术能力和管理水平有了显著提高。到2012年，我国出栏10万～50万只的肉鸡场已经发展到5 605户；出栏50万只以上的有1 100户，与2005年相比，大规模场户数增加了5倍多。这些大中规模养鸡场的出现和发展，提高了肉鸡的产业化水平，使得国内肉鸡饲养业从小规模分散饲养逐步向标准化规模饲养转变。

肉鸡标准化生产就是在场址布局、鸡舍建设、设施配备生产、良种选择、投入品使用、卫生防疫、粪污处理等方面严格执行国家法律法规和相关标准的规定，并按程序组织生产的过程，以规模化带动标准化，以标准化提升规模化，这为我国居民日益增长的鸡肉需求和食品安全需求提供了坚实的后盾。同时，有一定经济实力的大型养殖场与当地政府合作，可以通过多渠道在带动当地农民就业、建设新农村、促进农业产业化和现代化等方面做出一定的贡献。

6. 我国肉鸡产业发展的趋势是什么？

（1）肉鸡生产总量占肉类的比例持续增长 我国肉鸡产业发展到1990年初，产值约为200亿元，到2012年，肉鸡业产值接近2 500亿元。肉鸡业产值占畜牧业总产值的比重基本上保持在10%左右的水平，个别年份还超过13%；占农业总产值比重基本保持在3%左右的水平，个别年份还超过3.5%。鸡肉在我国禽肉中的比重一直维持在70%左右，但在肉类中的比重呈现先降后升的趋势。1978年鸡肉在肉类中的比重为8.73%，但到1985年曾经降到最低点5.86%；1985年后，又呈现出逐步增长的态势，到2000年升到15%

左右的水平，2013年到达15.93%。随着农业和畜牧业结构的调整以及产业化的发展，肉鸡业在畜牧业和农业中的地位将不断提高。

（2）肉鸡生产和消费水平会持续增加　从世界水平看，中国是仅次于美国的世界第二大肉鸡生产国和肉鸡消费国；从人均生产和消费水平看，美国人均肉鸡生产量约为63千克，中国约为9.7千克，美国人均肉鸡消费量约51千克，中国约为9.5千克。从中美比较看，随着中国经济水平和人们生活水平的提高，肉鸡生产和消费不断增加。从中国肉鸡生产和消费的变化看，总体趋势是随着经济增长稳定增加。

（3）肉鸡出口量会呈增加趋势　从世界水平看，中国肉鸡进出口量的波动对国际市场有一定的影响，但影响程度有限，中国肉鸡进口量处于世界第11位，出口量处于世界第5位；从长期水平看，中国经历了净进口国与净出口国交替的过程，近5年（2011—2015年）处于净出口状态。当存在贸易保护主义和技术性壁垒的限制时，肉鸡进出口会出现波动；当不存在贸易限制时，随着国内肉鸡规模化、产业化饲养水平的提高，饲养成本会下降，饲养质量会提高，这有利于国内肉鸡的出口，因此，出口量可能会呈增加趋势。

第二节　规模化生产和产业化经营

7.规模化肉鸡生产有何特点？

（1）生长速度快，饲料报酬高　一般引进的肉鸡出壳体重在40克左右，肉仔鸡每增加1 000克体重，所消耗的配合饲料在2 000克以下，饲养8周体重可达2 800克左右，为出壳体重的70倍，单独饲养公鸡平均每天增重50克。而饲养猪、牛每增加1 000克体重所消耗的配合饲料分别约3 000克、5 000克。

（2）生产期短，资金周转快，劳动效率高 目前国内肉鸡生产7～8周龄可达上市体重，商品鸡出场后留2周时间打扫，每10周1批，1年可生产5批，工厂化生产2个饲养员1年可生产11万只肉仔鸡，专业养殖户每人每批可饲养肉鸡2 000只，1年可生产近万只肉仔鸡。资金周转快。

（3）饲养密度大，房舍利用率高 肉仔鸡贪吃少动，比较安静，采食后就地休息，大约70%的时间都是卧地休息，一般每平方米可饲养12只，如果立体笼养，则每平方米可饲养30～40只，比饲养蛋鸡密度高1倍以上。人力和房舍利用率高。

（4）整齐度高，统一出栏 肉鸡的体质强健，不易发生疾病和恶癖，成活率可达96%～98%。由于采用公母分饲、间歇光照、遮黑鸡舍等技术，肉仔鸡生长发育均匀一致，出场时鸡群均匀度都在80%以上，出栏时间统一，商品率高。

（5）产肉性能好，屠宰率高 肉仔鸡屠宰率达90%以上，一般胸肌率和腿肌率都在20%以上，屠体可食部分所占的比例大。

8.肉鸡养殖规模如何划分?

目前我国还没有统一规定的标准和规范，但是行业内学者和专家普遍这样界定肉鸡养殖的规模：每批养殖1～99只为散户，100～499只为低规模，500～1 999只为小规模，2 000～9 999只为中规模，1万只以上为大规模。国家肉鸡产业技术体系首席科学家文杰2014年对养殖规模界定标准进行研究，发现年出栏3万只以上规模的专营比例较高，专业化程度较高，养殖收入占家庭总收入比例高达80%。他建议以年出栏5万只以上作为肉鸡规模化界定的起点边界，并在专业化设计和硬件设施比较健全的条件下进行专业化肉鸡生产，这种养殖模式才能称为肉鸡规模化养殖。

9.肉鸡产业为什么要进行产业化经营?

产业化就是遵循市场经济规律，按照风险共担、利益均沾、相互促进、共同发展的原则，组建各种形式的龙头产业化集团，走市场牵龙头、龙头带基地、基地连农户的路子，以高科技投入，实现高产出，求得高经济效益。现有的单一养殖场（户）在市场波动频繁、竞争加剧的经济环境中已不能确保稳定的效益。

养鸡产业化经营，就是养鸡公司、加工、流通（市场销售）有机的结合，产前、产中、产后各个环节统一的经营服务形式。同时，养鸡业是微利行业，讲究规模效益，有规模才有效益。在市场经济条件下，产品的价格不甚稳定，养鸡业面临巨大的考验，挑战和机遇并存。在这样的背景下，养肉鸡也必须实行产业化经营，才能面对国际、国内市场日益激烈的竞争，只有通过产业化这个途径才能有效地发展生产。

10.肉鸡的产业化经营有哪些模式？

（1）养鸡合作社　根据自愿、民办、民营、民受益的原则，在地域相近的一定的范围内，以若干农户养鸡场为纽带，紧密连接饲料加工销售商、鸡产品销售经营经纪人队伍、鸡产品加工单位和畜牧兽医技术服务等单位成立养鸡合作社和协会，选出领导人并设精干的日常办事机构，制定行之有效的规章制度，具体签订各种买卖合同，这样用户可以根据合同有计划地进行养鸡。

（2）公司（基地）+农户模式　农户鸡场为公司养鸡，雏鸡、饲料等从公司（基地）购回，鸡产品直接出售给公司（基地），产、供、销均以合同的形式进行约束。这种模式关键是公司要有相应的鸡产品销售加工能力和可靠的批发零售市场；另外，还要有一只鸡产品销售队伍或经纪人队伍公司为农户鸡场提供必要的服务。

（3）养鸡联营公司模式　即若干专业鸡场联营，产、供、销一条龙经营。这种模式关键是鸡产品的销售要有保证。

（4）政府扶持下的公司+基地+示范户+农户的经营模式　首先，政府在人员、资金、政策、技术等方面给予支持，公司逐步形成育种、孵化、饲料加工、疫病防治、产品储存和销售为一体的龙头企业（公司）。为了保证产品的供应，便于养殖技术的推广和普及，公司建起与之直接联系的生产基地，负责品种扩群、产品供应、技术示范等；之后分别建起以基地为中心的示范户以及以示范户为中心的普通农户，形成逐渐扩大逐级示范的模式。

11. 肉鸡养殖风险有哪些？

肉鸡饲养所需周期短，肉鸡养殖户由于掌握的技术不同或者有限，所以存在的风险有大有小。养殖的风险主要在于：

（1）管理风险 加强管理永远是肉鸡饲养的核心。作为养殖户要时刻想着如何把鸡群管理到最佳状态，一定要给鸡群创造最佳的生活环境，很多专家和有经验的养殖户都知道饲养肉鸡就是饲养环境，环境好了病自然少或者没有，这样不但能降低药费而且还会给自己带来丰厚的利润。

（2）疾病风险 肉鸡养殖对禽流感、新城疫和大肠杆菌的防控至关重要，造成鸡群大批死亡的原因一般是病毒、呼吸道甚至球虫等混合感染，给肉鸡养殖带来了很大的难度，严重影响经济效益。

（3）疫情风险 近年来我国出现的人感染H7N9流感疫情，造成了消费者对家禽，尤其对肉鸡产品恐慌，导致整个行业损失严重。因此，成功免疫是最关键，尤其对禽流感、新城疫和传染性法氏囊病的免疫。制订合理的免疫程序，必须根据当地的疾病流行情况，根据以往的经验或者别人的建议制订出适合自己场的免疫程序。

（4）市场风险 养殖业行情经常浮动，而成本又高，如果市场价格稍微降低，可能就会亏本。如果肉鸡产品不出售而积压，每天的饲料成本可能造成更大亏损。另外，肉鸡长到一定大小，其生长速率就会显著降低，此时只吃饲料不长肉，积压的话只能亏损。

12. 怎样确定肉鸡养殖场的产品方案?

肉鸡根据肉质品质、生长速度和发育情况，可分为快大型和优质型。肉鸡养殖场针对市场需求和自身优势，可选择性饲养，并以此为主产品。

（1）快大型肉鸡　快大型肉鸡的突出特点是早期生长速度快、体重大，一般商品肉鸡6周龄平均体重在2千克以上，每千克增重的饲料消耗在1.8千克左右。快大型肉鸡都是采用四系配套杂交育种生产的。大部分鸡种为白色羽毛，少数鸡种为黄（或红）色羽毛。该类肉鸡在西方国家和中东地区较受消费者喜爱，因为较易加工烹调，是主要的快餐食品之一。

（2）优质型肉鸡　优质型肉鸡一般都是我国地方良种鸡（黄羽或麻羽）进行本品种（品系）选育或配套杂交，或是用良种鸡与引进的鸡种进行配套杂交选育而成。

与快大型肉鸡相比，优质型肉鸡的生产速度较慢、饲养周期较长、饲养成本也较高。但是，优质型肉鸡肉质爽滑、口味好，受到大多数地区消费者喜爱，价格较快大型肉鸡高。肉鸡的口味与生长速度呈负相关，长速快往往口味差，所以有些公司还推出特优质型、普通优质型和速长型肉鸡，可满足不同消费群的需要，生长速度也依次由慢到快。

第三节　肉鸡场建设可行性论证

13. 建设肉鸡养殖场需要办理哪些手续?

创办肉鸡规模养殖场需要办理设施农用地备案手续、环境影响评价手续、工商营业执照、动物防疫合格证，如果还有种鸡生产，则同时需要办理相应的种畜禽生产经营许可证。一般规模肉鸡养殖场可以办理成个体工商户。

14.怎样办理设施农用地备案手续?

为进一步完善和规范设施农业用地管理，支持设施农业健康有序发展，加快推进农业现代化。根据《国土资源部 农业部关于进一步支持设施农业健康发展的通知》（国土资发〔2014〕127号）要求，规模养殖场需办理设施农业备案手续。具体程序如下：

（1）经营者拟定农业设施建设方案 经营者根据设施农业拟建设情况、承包地流转情况以及与土地所有权人达成的意向性约定等，拟定农业设施建设方案，内容包括：项目名称、建设地点、项目用地规模，拟建设施类型、用途、数量、标准以及附属设施和配套设施用地规模、平面布置示意图、标注项目用地位置的土地利用现状图。

（2）协商土地使用条件 经营者持农业设施建设方案与乡镇人民政府（街道办事处）和农村集体经济组织协商土地使用年限、土地用途、土地复垦要求及时限、土地交还和违约责任等有关土地使用条件。拟定乡镇人民政府（街道办事处）、农村集体经济组织和经营者三方用地协议草案。乡镇人民政府（街道办事处）同时对农业设施建设方案、土地使用条件等内容进行初审。涉及土地承包经营权流转的，经营者应依法先行与承包农户签订流转合同，征得承包农户同意。

（3）公告和签订用地协议 土地使用条件协商一致后，通过乡镇、村组政务公开等形式将农业设施建设方案、土地使用条件和三方用地协议草案向社会予以公告，时间不少于10天。公告期结束无异议的，乡镇人民政府（街道办事处）、农村集体经济组织和经营者三方签订用地协议。

（4）编制土地复垦方案报告表 经营者按照土地复垦有关规定，编制土地复垦方案报告表，内容包括：项目基本情况、土地损毁及占地面积、复垦工程措施及工程量统计、工作计划及保障措施、投资估算等。

（5）土地复垦方案审查和用地协议备案　用地协议签订后，经营者持农业设施建设方案、用地协议、土地复垦方案报告表和设施农用地备案表向区县（自治县）国土资源部门提出备案申请，区县（自治县）国土资源部门受理申请后，会同农业部门对土地复垦方案报告表和用地协议进行一并审查、核实，符合条件的予以备案。土地复垦方案报告表未通过审查，用地协议未备案的，经营者不得动工建设。

15. 鸡场建设前怎样进行环境影响评价?

在建场之前需要选定养鸡场的场址，而在选定鸡场地址之后并不能马上建设，而是要走一道程序，这道程序我们称为养鸡场申请环境影响评价（简称“环评”）。通过环评后才能开始养鸡场的建设，具体的流程与操作方法如下：

（1）申请条件　①选址符合城市总体规划或者村镇建设规划，符合环境功能规划、土地利用总体规划要求；②符合国家农业政策；③符合清洁生产要求；④排放污染物不超过国家和省规定的污染物排放标准；⑤重点污染物符合问题控制的要求；⑥委托有资质的单位编制了项目环境影响评价文件。

（2）需要提交的资料　编制环境影响评价报告书：年出栏10万只以上肉鸡的养殖场需提供环境影响评价报告书。具体要求如下：①项目环保审批的申请报告；②发展改革或经济信息化部门出具的立项备案证明；③项目环境影响报告书；④环境技术中心对项目出具的评估意见；⑤基建项目需提供规划许可证、红线图；⑥涉及水土保持的，出具水利行政主管部门意见；涉及农田保护区的项目，出具农业、国土行政主管部门的意见；涉及水生动物保护的，出具渔政主管部门意见；涉及自然保护区的，出具林业主管部门意见；⑦环保部门要求提交的其他材料。

编制环境影响评价报告表：年出栏1万～10万只肉鸡的养殖场需提供环境影响评价报告表。具体要求如下：①项目环保审批的申请报告；②发展改革或经济信息化部门出具的立项备案证明；③项目环境影响报告表；④环境技术中心对项目出具的评估意见；⑤基建项目需提供规划许可、红线图；⑥涉及水土保持的，出具水利行政主管部门意见；涉及农田保护区的项目，出具农业、国土行政主管部门的意见；涉及水生动物保护的，出具渔政主管部门意见；涉及自然保护区的，出具林业主管部门意见；⑦环保部门要求提交的其他材料。

编制环境影响评价登记表：年出栏1万只以下的肉鸡养殖场需提供环境影响评价报告表。具体要求：①项目环保审批的申请报告；②项目环境影响登记表（一式三份）；③发展改革或经济信息化部门出具的立项备案证明；④基建项目需提供规划许可、红线图；⑤环境技术中心对项目出具的评估意见（需公众参与的项目）；⑥涉及水土保持的，出具水利行政主管部门意见；涉及农田保护区的项目，出具农业、国土行政主管部门的意见；涉及水生动物保护的，出具渔政主管部门意见；涉及自然保护区的，出具林业主管部门意见。

（3）办理程序 ①申请单位（个人）按照项目环境影响评价等级，到县环保局环境审查部门提交申请材料；②对项目进行材料审核、现场核查；③经环保局专题审批会，对项目作出审批或审查意见。

（4）办理时限 申报材料不齐全的：当场告知申请人，由其补齐后再受理。

申请材料齐全的：①编制环境影响报告书的建设项目自受理之日起60日；②编制环境影响报告表的建设项目自受理之日起30日；③填报环境影响登记表的建设项目自受理之日起15日。

16. 怎样申请个体工商户营业执照手续？

（1）办理依据　《个体工商户条例》《个体工商户登记管理办法》。

（2）提交材料

①经营者签署的个体工商户开业登记申请书。

②经营者的身份证复印件（正、反面复印件）。

③经营场所使用证明：个体工商户以自有场所作为经营场所的，应当提交自有场所的产权证明复印件；租用他人场所的，应当提交租赁协议和场所的产权证明复印件；无法提交经营场所产权证明的，可以提交市场主办方、政府批准设立的各类开发区管委会、村居委会出具的同意在该场所从事经营活动的相关证明；使用军队房产作为住所的，提交军队房地产租赁许可证复印件。将住宅改变为经营性用房的，属城镇房屋的，还应提交住所（经营场所）登记表及所在地居民委员会（或业主委员会）出具的有利害关系的业主同意将住宅改变为经营性用房的证明文件；属非城镇房屋的，提交当地政府规定的相关证明。

④申请登记的经营范围中有法律、行政法规和国务院决定规定必须在登记前报经批准的项目，应当提交有关许可证书或者批准文件复印件。

⑤个体工商户名称预先核准通知书（无字号名称的或经营范围不涉及前置许可项目的可无需提交个体工商户名称预先核准申请书）。

⑥委托代理人办理的，还应当提交经营者签署的委托代理人证明及委托代理人身份证复印件。

（3）办理程序　申请—受理—审核—决定。

（4）办理期限　对申请材料齐全，符合法定形式的，自收到受理通知书之日起2个工作日领取营业执照。

（5）收费　免收费。

17. 怎样申请核发动物防疫条件合格证？

（1）依据 《中华人民共和国动物防疫法》第二十条：兴办动物饲养场（养殖小区）和隔离场所，动物屠宰加工场所，以及动物和动物产品无害化处理场所，应当向县级以上地方人民政府兽医主管部门提出申请，并附具相关材料。受理申请的兽医主管部门应当依照本法和《中华人民共和国行政许可法》的规定进行审查。经审查合格的，发给动物防疫条件合格证；不合格的，应当通知申请人并说明理由。动物防疫条件合格证应当载明申请人的名称、场（厂）址等事项。经营动物、动物产品的集贸市场应当具备国务院兽医主管部门规定的动物防疫条件，并接受动物卫生监督机构的监督检查。

（2）核发机构 《动物防疫条件审查办法》第三条：农业部主管全国动物防疫条件审查和监督管理工作。县级以上地方人民政府兽医主管部门主管本行政区域内的动物防疫条件审查和监督管理工作。县级以上地方人民政府设立的动物卫生监督机构负责本行政区域内的动物防疫条件监督执法工作。

（3）许可证条件

①选址、布局符合动物防疫要求，生产区与生活区分开。

②圈舍设计、建筑符合动物防疫要求，采光、通风和污物、污水排放设施齐全，生产区清洁道和污染道分设。

③有患病动物隔离舍和病死动物、污水、污物无害化处理设施、设备。

④有专职防治人员。

⑤出入口设有隔离和消毒设施、设备。

⑥饲养、防疫、诊疗等人员无人畜共患病。

⑦防疫制度健全。

⑧许可审批期限：法定期限为20个工作日；承诺期限为4个工作日。

18. 肉鸡养殖建设项目为什么要进行可行性研究？

为了正确进行养鸡场投资决策，避免工程建设投资的盲目和资财的浪费，提高建设投资的经济效果，必须开展建设的可行性研究。主要目的：①确定投资方向，并提出鸡场建设项目的基本情况。②投资建设鸡场的目的与依据；准备采用的工艺流程技术上的可行性；决定投资规模、资金供应、市场销售的条件、经济上的利益等。③该鸡场建在何处，当地的自然条件和社会条件，选址方案的比较。④鸡场何时开始投资，何时建成投产，何时收回投资，如何选择最佳时机。⑤鸡场的资金筹措、工程建设、经营管理等事项由谁来承担。要深入调查研究，在掌握大的数据基础上，运用技术科学、工程经济学和系统工程学的原理，对鸡场工程建设进行技术经济设计和评价，选择最佳方案。

19. 肉鸡养殖建设项目可行性研究有哪些作用？

（1）作为鸡场建设项目投资决策的依据　经济评价是可行性研究的重要内容，技术经济论证是可行性研究报告的重要组成部分。经济评价和技术经济论证作出了鸡场建设项目是否应该投资和如何投资的结论。因此，可行性研究的成果就成为决定投资项目命运的关键。

（2）作为编制设计任务书的依据　在可行性研究报告中，对选址、建设规模、建设进度、主要生产工艺流程和基本设备的选型等都做了技术经济论证，为设计任务书的编制提供可靠的依据。

（3）作为筹集资金的依据　建设单位向银行提出贷款申请时，必须有投资项目的可行性研究报告，经银行对报告进行分析和审查，确认工程项目在规定时间内具有偿还能力，不会承担过大的风险时，银行才会同意贷款。对贷款的数额和期限，可行性研究报告本身就已作了说明。

（4）作为申请建设执照的依据 养鸡场工程项目的建设需要交当地政府批拨土地，符合当地的市政规划和法规以及环保要求。在可行性研究报告中，对养鸡场选址、总体布局、工艺方案做了论证，为申请和批准建设执照提供可靠的依据。

（5）作为有关部门签订协议和合同的依据 可行性研究报告中，对养鸡场工程项目在建设时期和生产服务时期所需要的建筑材料、水、电、饲料和产品的需求量做估算，对基本设备的选型作出论证结论。因此，批准的可行性研究报告为建设部门同有关部门签订协议和合同提供依据。对于需从国外引进的技术、品种和设备，应在可行性研究报告批准后才能据此同外商签约。

（6）作为基础资料的补充依据 在可行性研究过程中，对鸡场建设用地的地形，工程地质、水文、气象等进行了一定深度的调查和勘察，这些基础资料对后来的设计和施工仍是不可缺少的，对主要工艺流程和设备以及新技术的采用作了技术经济论证，为新设备的研制提供依据。

20. 肉鸡场建设规划设计应注意哪些内容？

建设规划设计必须将建筑、结构、工艺、设备、施工、材料、造价等各方面因素作统一的考虑，因此需要多方面的配合。在施工之前，必须对周围环境和各类房舍的建造做一个通盘的研究，制订一个完整的方案，编制出一套施工图纸与文件来为施工提供依据。

建造鸡舍的目的是为鸡群的生长创造良好的生活环境，进而提高生产力。因此，满足适用的要求是建筑设计的首要任务。建筑设计必须体现国家的政治、经济、技术等各项政策，遵循“适用、经济，在可能条件下注意美观，搞好环境保护”的原则，综合考虑生产工艺、建筑、结构、设备等各方面因素。建筑设计是一个不断发现矛盾和解决矛盾的过程。一个正确的设计方案只能来自于社会的实践，并受社会实践的检验。

21. 肉鸡场的规模设计和影响因素有哪些?

规模设计，根据自己的经济实力和主观愿望，确定肉鸡养殖的发展规模。为了更有效地利用现代化的养殖设施和设备，一般每栋鸡舍按照1.5万～2万只设计，每个养殖场6～10栋鸡舍都是可行的，也就是现代健康养殖的规模每个批次9万～20万只不等，规模太小影响养殖和经营效益，规模太大会给供雏鸡、防疫、管理、出栏等带来很多不便和风险；也有的人喜欢大规模养殖。不管规模多大，一个基本的原则就是在3～4天之内能上完鸡苗（这需要相当规模的种鸡场作为源头保障），同时也要求相当规模的屠宰厂作为配套资源；否则规模太大，进雏鸡和出栏拖拉的时间会很长，从生物安全的角度来讲无疑是一场灾难。另外规模太大对免疫和管理来讲也有很大的难度和不确定性。

规模设计在很大程度上受土地、资金、种苗、屠宰等资源和条件的严格限制，不能违背客观条件而盲目发展。国内已经有很多失败的例子，希望对发展规模养殖的朋友有所警戒和借鉴，毕竟规模养殖也是要关注健康和风险的，我们鼓励发展适度规模。

22. 肉鸡场建设需要哪几个环节?

建设养鸡场大体要经过以下几个环节：计划任务书的编制与审批，场址的选定、勘察和征用，鸡舍设计、施工，设备安装，交付使用，总结。建筑设计通常按初步设计和施工图设计两个阶段进行。初步设计的目的是提出方案，详细说明其工艺流程，建筑的布置、标准、经济方面的合理性，以及技术上的可能性。施工图设计的任务是满足施工的要求。为此，各种图纸文件必须互相交底、核实、校对，做到统一、齐全、简明、无错。对于较复杂的工程项目，由于技术问题矛盾较多，必要时也有按初步设计、技术设计、施工图设计三个阶段进行的。技术设计阶段，则主要是根据初步设计，各工种相互提出要求，提供资料，共同研究，解决矛盾，取得各工种的协调，为各工种进行施工图设计提供依据。鸡场建设过程示意见图1-1。

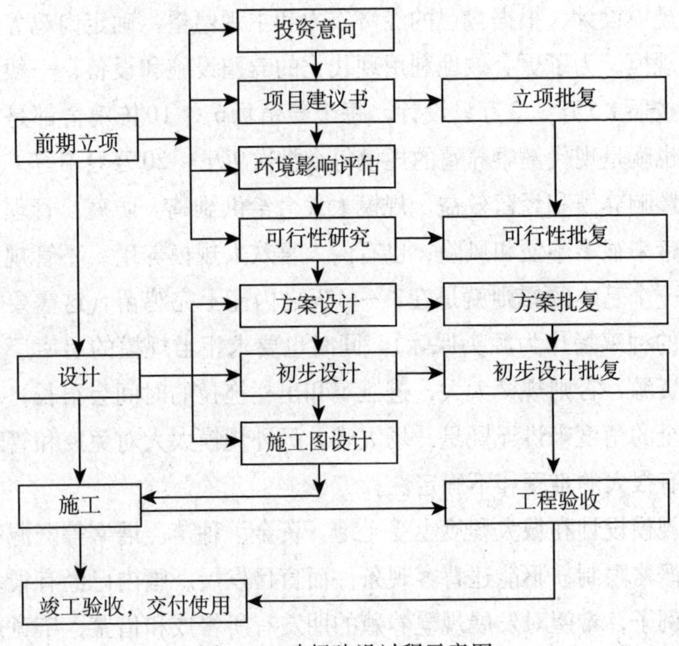

图1-1 鸡场建设过程示意图

第二章　肉鸡场建设与设备选型

第一节　场址的选择

23. 肉鸡场选址应遵守哪些原则？

（1）肉鸡养殖场选址必须符合当地农牧业总体发展规划、土地利用开发规划和城乡建设发展规划的用地要求。自然保护区，生活饮用水水源保护区，风景旅游区，受洪水或山洪威胁及有泥石流、滑坡等自然灾害多发地带，自然环境污染严重等的地区或地段不宜选址建场。

（2）选择地势高燥、背风向阳、通风良好、远离噪声、易于组织防疫的地方。切忌在低洼涝地、冬季风口处建场，否则肉鸡易感染疾病。

（3）肉鸡场应保持交通便捷，出于卫生防疫考虑，肉鸡场应距离主要交通干线、居民区500米以上，大型鸡场1 500米以上。一般来说鸡场与主要公路的距离至少要在300米，国道、省际公路500米，省道、区际公路200～300米，一般道路50～100米（有围墙时可50米），非本场的牲畜道300米。距离屠宰场、化工厂和其他养殖场1 000米以上，距离垃圾场等污染源2 000米以上。

（4）肉鸡场区土质应选择透水性强、吸湿性和导热性小、质地均匀并且抗压性强、地下水位低于鸡舍地基深度0.5米以下的沙质土壤。

(5) 肉鸡场区水源充足，供水能力能够满足肉鸡养殖场生产、生活、消防用水需求，应具有独立的自备水源（井）。饮用水水质必须符合国家《畜禽饮用水水质标准》和《畜禽饮用水中农药限量指标》，切忌在严重缺水或水源严重污染的地区建场，同时要避开城市水源上游的近郊，相距10 ~ 50千米。

(6) 电力供应充足有保障，具备二、三相电源，最好有双路供电条件或自备发电机，供电稳定。

24. 肉鸡场选址如何考虑土质因素?

鸡场对土壤的要求是透气性好、易渗水、热容量大。例如，石灰质土壤、沙土壤。这样可抑制微生物、寄生虫和蚊蝇的滋生，也可使场区昼夜温差较小。土壤化学成分也会影响鸡的代谢和健康，土壤虽有净化作用，但是许多微生物可存活多年，应避免在旧鸡场场址或其他畜牧场场地建造。

25. 肉鸡场选址如何考虑水源因素?

前面讲过，建立一个养鸡场，必须有一个可靠的水源。如果条件许，可养鸡场可以选择城镇集中供水系统作为本场的水源。如没有可能使用城镇自来水，就必须寻找理想的水源，做到“不见水，不建场”。场址选择水源必须根据以下原则：

(1) 水量充足 水源能够满足场内的人、鸡饮用和其他生产、生活用水，并考虑到防火和未来发展的需要。养鸡场工作人员生活用水一般按每人每天24 ~ 40升计算，生产用水（用于清扫冲洗鸡舍、饮用、刷洗笼具饲槽、冲洗粪便等）一般按每只每天0.4 ~ 1.5升计算，夏季用水量比冬季增加30% ~ 50%。如果采用乳头式饮水器供水工艺可节约用水1/2以上。消防用水按照我国防火规范规定，场区设地下式消火栓，每处保护半径不大于50米，消防水量按10升/秒计算，消防持续时间按2小时考虑。灌溉用水则应根据场区绿化、饲料种植情况而定。

（2）水质良好　若水源的水质不经过处理就能符合饮用水标准是最为理想的。但除了以集中式供水（如当地城镇自来水）作为水源外，一般就地选择的水源很难达到规定的标准，因此还必须经过净化消毒达到《生活饮用水质标准》后才能使用。

（3）便于防护　水源周围的环境卫生条件应较好，以保证水源水质经常处于良好的状态。以地面水作水源时，取水点应设在工矿企业的上游。

（4）取用方便　养鸡场就地自行选用的水源一般有地面水、地下水和降水三大类。地面水水质和水量极易受到自然因素的影响，也易受工业废水和生活污水的污染。因此，在条件许可的情况下，应尽量选择水量大，且流动的地面水作为水源，饮用时一般需要经人工净化和消毒处理。地下水一般受污染的机会较少，水量水质都比较稳定，设备投资少，处理技术简便易行。但是在渗滤过程中受地层地质化学成分影响一般会含有某些矿物质成分，有时含有的某些矿物质成分能够引起化学疾病，因此选用地下水时，应切实注意这些问题。降水容易受到污染，而且收集不易，储存困难，水量难以保证，一般不宜作为养鸡场的水源。

26.肉鸡场选址如何考虑社会条件因素？

社会条件包括交通、电力、疫情、当地经济状况和风俗习惯等。鸡场要求交通方便、电力充足；应避开兽医站、集市及屠宰场；根据当地食品工业，饲料工业，畜产品加工的生产和发展情况，人民生活水平和生活习惯确定饲养的鸡种和类型。

27.肉鸡场选址如何考虑气候因素？

气候因素主要指与建筑设计和造成鸡场小气候有关的气候气象，如气温、风力、风向及灾害性天气的情况。拟建鸡场地区常年气温变化包括平均气温、绝对最高最低气温、土壤冻结深度、降水量与积雪深度、最大风力、常年主导风向、风频率、日照情况等。

风向、风力与鸡舍的方位朝向布置、鸡舍排列的距离和次序均有关系，应主要考虑如何排污以及场内各功能区如何布局，才能对人畜环境卫生及防疫工作有利。

第二节　养鸡场生产工艺设计

28. 肉鸡的生产工艺有哪些类型?

肉鸡的生产根据肉鸡类型、饲养期的不同采取不同的生产工艺。

(1) 快长型肉鸡　通常是全舍饲，一般采取一阶段的饲养工艺，即育雏与育肥期均在同一舍内。

(2) 中速型肉鸡　由于饲养期较长，采取一阶段或两阶段饲养。一阶段饲养，即育雏、育成在同一舍内。二阶段饲养，即舍内育雏+舍外半放养育肥。

(3) 慢速型肉鸡　可采取三阶段饲养，即舍内育雏+舍外半放养育成+舍内育成。

29. 肉鸡场的常用生产工艺参数有哪些?

(1) 鸡群分类　鸡群一般可分为雏鸡、育成鸡、成年母鸡、青年公鸡、种公鸡。

(2) 生产指标　商品肉仔鸡的主要生产指标是：成活率、日增重、上市体重、屠宰率、商品鸡合格率等。

30. 肉鸡养殖场生产工艺如何分阶段设计?

肉鸡场生产工艺可以按以下两种方式进行分阶段设计：

(1) 按饲料分段　目前肉仔鸡的专用饲养标准有两段制和三段制，我国肉仔鸡饲养标准按0～4周龄和5周龄以上分为两段，以此配成前期料和后期料。国外肉仔鸡饲养标准一般用三段制，美国

NRC饲养标准按0～3周龄、4～6周龄、7～9周龄分为三段。

如美国爱拔益加公司AA肉仔鸡营养推荐量以0～21天、22～37天、38天至上市分为前期料、中期料和后期料。前期料又称雏鸡料，蛋白质水平要求较高（21%～23%），并含有防病药物；中期料又称生长鸡料，与前期料相比，蛋白质水平降低而能量增加；后期料又称育肥料，蛋白质水平更低，但能量水平增加。考虑到最后1周禁止使用药物和快速催肥的需要，也有公司将出售前1周单设一阶段，从而实行四段制饲养。

（2）按生长期分段 为管理方便，一般将肉仔鸡分为育雏期、生长期和育肥期三个阶段。0～3周龄为育雏阶段，此期对环境温度要求严格；4～6周龄为肉仔鸡快速生长阶段，这阶段肉仔鸡生长发育特别迅速，也称为生长期；7周龄至出栏为育肥期。

31. 肉鸡养殖场有哪些环境因素设计参数？

肉鸡养殖场工程设计环境参数是要参考各地工业与民用建筑的设计参数，将最佳环境因素理性数值加以修正（表2-1）。主要考虑的是：①建筑造价；②便于实施的保守数据；③人的工作环境条件。表现在设计上多是鸡舍温度取低限，通风、光照取高限。在实际工作中多取综合效益的最优值。

表2-1 鸡舍内各项环境因素设计参数

项目		育雏期	育成期	肉仔鸡	肉种鸡
舍温（℃）		20～25	15～29	20～25	5～29
相对湿度（%）		70	70	70	70
光照度（勒克斯）		5～10	5～10	10～15	5～10
换气量（米^3/千克·时）	夏季	6.6	12	1.0	18
	春、秋季	3.3	8	6	12
	冬季	1.8	3	2	5

（续）

项目		育雏期	育成期	肉仔鸡	肉种鸡
风速（米/秒）	夏季	1	1 ~ 1.5	1 ~ 1.2	2
	春、秋季	0.5	0.5 ~ 1	0.8	1
	冬季	0.3	0.3	0.3	0.5

32.规模化肉鸡饲养工艺流程是什么？

规模化肉鸡生产的饲养工艺流程如图2–1所示。

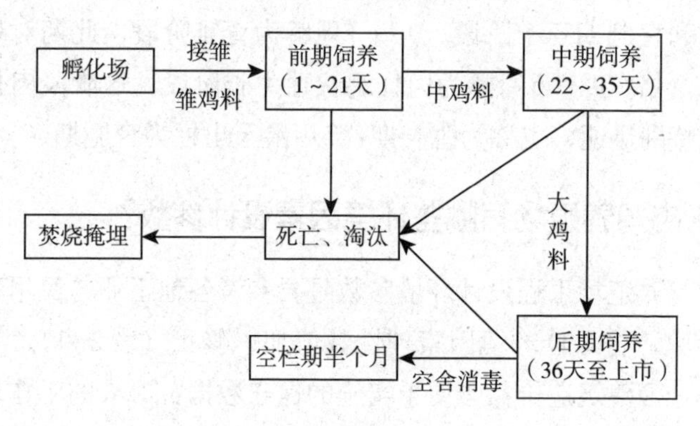

图2–1　肉鸡的饲养工艺流程

第三节　养殖场建筑工艺设计

33.肉鸡养殖场规划布局的原则是什么？

肉鸡场的规划布局要科学适用、因地制宜，根据场地的环境条件，科学地确定各区的位置，合理地确定各类房舍、道路、供排水和供电等管线、绿化带等的相对位置及场内防疫卫生的安排，以达到有效利用土地面积的目的。首先应考虑人的工作和生活环境，使其尽可能不受饲料粉尘、粪便、气味等污染；其次应考虑鸡群的卫生防疫，杜绝污染生产区。

分区布局一般分为：生产区、行政管理区、生活区、辅助生产区、病死鸡及污粪处理区等，有利于防疫和组织生产，遵循全进全出的原则。管理区主要布置办公用房、宿舍、食堂、大门、门卫室等；生产区主要布置鸡舍；生产辅助区布置消毒室、兽医室、饲料库、物料库、变配电室、供水设施等；隔离区布置焚烧间、污水和粪便处理设施等。

34. 怎样布局肉鸡场总平面？

各区排列顺序按主导风向、地势高低及水流方向依次为生活区、行政管理区、辅助生产区、生产区和病死鸡及污粪处理区。若地势、水流和风向不一致，则以风向为主。行政管理区和生产辅助区相连，但须有围墙隔开，生活区应距行政管理区和生产区100米以上，病死鸡及粪污处理区也须与生活区保持较大的距离。

（1）肉鸡养殖场大门设在靠近行政管理区办公室最近围墙处，附建门卫室和消毒房、消毒池。

（2）生产区与其他功能区之间设置严格的隔离设施，包括隔离栏、车辆消毒池、人员更衣室及消毒房等，尽量防止场外人员和车辆直接进入生产区。

（3）生产区内净道、污道严格分开，净道是人员、运输饲料、雏鸡等通过的道路，是生产区内的主干道，路面最小宽度应保障饲料运输车辆的通行；污道是运输粪便、废旧垫料、病死鸡的道路。死淘鸡焚烧炉设在生产区污道一侧，储料罐建在净道一侧。

（4）肉鸡舍朝向及间距：鸡舍以东西向排列，鸡舍间距一般为鸡舍高度的3～5倍，以便防疫和防火。考虑到净道和污道的出入方便，基本要求土地的宽（一般要求东西向）至少是150米，而长（一般为南北向）在180～300米为宜。

35.肉鸡场有哪些配套设施和附属设施？

（1）配套设施 现代养殖成功的保障在于环境控制和先进设备的自动化，如供暖系统（暖风炉+引风机+风道+水暖片）、通风降温系统（侧向风机+侧窗+纵向风机+湿帘和配套水循环系统）、供水系统（水井+备用水井或蓄水池+变频水泵+过滤器+加药器+自动乳头式饮水线）、供料系统（散装料车+散装料仓+主料线+副料线+料盘）、供电系统（高压线+变压器+相当功率的备用发电机组）、加湿系统（自动雾线或专用加湿器）、网上养殖（钢架床+塑料垫网或养殖专用塑料床）等。

（2）附属设施 服务房（卫生间、淋浴间、宿舍、餐厅、仓库、办公室、兽医室、化验室、车库等）、污水处理池、粪便发酵处理池、病死鸡焚烧炉、鱼塘等。

36.怎样布局肉鸡生产舍？

（1）鸡舍的排列 规模化肉鸡场鸡舍排列一般遵循东西成排、南北成列的布局原则，尽量做到美观、整齐、紧凑、合理。根据场地形状、鸡舍的数量，可以布置为单列或双列。也可将鸡舍左右错开、上下错开排列，但不要造成各个鸡舍相互交错。如鸡舍长轴与东西方向成一较小角度时，左右列应前后错开，且逐行后错开一定距离。

（2）鸡舍的朝向 鸡舍建筑通常为长矩形。鸡舍的朝向与鸡舍采光、保温和通风等密切相关，因此应综合考虑当地的地理位置、日照和主导风气候环境、通风效果和防疫等因素。鸡舍大多采用东西走向或偏东10°～15°，以利于冬季提高舍温、夏季避免辐射，以及利用主导风向改善鸡舍通风条件。

（3）鸡舍间距 鸡舍间距与防疫、排污、防火密切相关，同时还应节约用地。一般应为房屋高度的3～5倍，即15米左右。需要强调的是，鸡舍间距主要是满足防疫要求，如能采用整场全进全出制，鸡舍间距可以适当减少。我国部分鸡场沿用以鸡舍为单位全进全出的转群更新方式，同一场内饲喂不同日龄的大小肉鸡，就会使各种疾病在鸡场内循环感染，使肉鸡的成活率降低，生长速度越来越慢。

37.鸡舍分类有哪些？

在设计鸡舍时，要为鸡群的生长、发育、产蛋创造良好的环境条件，满足鸡群生物特性的要求，并做到投资少见效快。鸡舍因分类方法不同而有多种类型，按饲养方式可分为平养鸡舍和笼养鸡舍；按鸡的种类可分为种鸡舍、蛋鸡舍和肉鸡舍；按鸡的生产阶段可分为育雏舍、育成鸡舍、成鸡舍；按鸡舍与外界的关系可分为开放式鸡舍和密闭式鸡舍。各类鸡舍的特点如下：

（1）半开放式鸡舍　建筑形式很多，屋顶结构主要有单斜式、双斜式、拱式、天窗式、气楼式等。窗户的大小与地角窗设置数目，可根据气候条件设计。最好每幢鸡舍都建有消毒池、饲料储备间及饲养管理人员工作休息室，地面要有一定坡度，避免积水。鸡舍窗户应安装护网，防止野鸟、野兽进入鸡舍。这类鸡舍的特点是有窗户，全部或大部分靠自然通风、采光，舍温随季节变化而升降，冬季晚上用稻草帘遮上敞开面，以保持鸡舍温度，白天把帘卷起来采光采暖（图2-2）。其优点是鸡舍造价低，设备投资少，照明耗电少，鸡只体质强壮；缺点是占地面积大，饲养密度低，防疫较困难，外界环境因素对鸡群影响大，种鸡产蛋率波动大。

图2-2　半开放式鸡舍

（2）开放式鸡舍 只有简易顶棚，四壁无墙或有矮墙，冬季用尼龙薄膜高围保暖；或两侧有墙，南面无墙，北墙上开窗。其优点是鸡舍造价低，炎热季节通风好，通风照明费用省（图2-3）；缺点是占地多，鸡群生产性能受外界环境影响大，疾病传播机会多。

（3）密闭式鸡舍 一般是用隔热性能好的材料构造房顶与四壁，不设窗户，只有带拐弯的进气孔和排气孔，舍内小气候通过各种调节设备控制（图2-4）。这种鸡舍的优点是减少了外界环境对鸡群的影响，有利于采取先进的饲养管理技术和防疫措施，饲养密度大，鸡群生产性能稳定；缺点是投资大、成本高，对机械、电力的依赖性大，日粮要求全价。

图2-3 开放式鸡舍

图2-4 密闭式鸡舍

（4）平养鸡舍 结构与平房相似，在舍内地面铺垫料或加架网栅后就地养鸡（图2-5）。其优点是设备简单，投资少，投产快；缺点是饲养密度低，清粪工作量大，劳动生产率低。

（5）笼养鸡舍 四壁与顶部结构均可采用本地区的民用建筑形式，但在跨度上要根据所选用的设备而定（图2-6）。其特点是把鸡关在笼格中饲养，因而饲养密度大，管理方便，饲料报酬高，疫病控制比较容易，劳动生产率高；缺点是饲养管理技术严格，造价高。

（6）组合式自然通风笼养鸡舍 采用金属框架、夹层纤维板块组合而成。鸡舍内吊装顶棚，水泥地面，鸡舍南北墙上部全部敞开为窗扇，形成与舍长轴同长的窗洞，下部为同样长的出粪洞口。粪洞口冷天封闭，上下部洞孔之间设有侧壁护板。窗洞孔以复合塑料编织布做成内外双层卷帘，以卷帘的启闭大小调节舍内气温和通风换气。其优点是鸡舍造价低，通风良好，舍内温湿度基本平稳。

图2–5　平养鸡舍

图2–6　笼养鸡舍

38. 怎样设计养鸡场内的给水系统?

养鸡场的给水一般采取集中式。集中式给水是水泵由水源取水，经净化消毒处理后送入储水设备（如水塔或压力罐，图2–7），再经配水管网送到各用水点（水龙头、饮水器等）。水塔容量宜按鸡需水量的3 ~ 5倍设计，如饲养1万只肉鸡，鸡需水量按每天每只1升计算，则水塔容量应为30 ~ 50米^3。

图2–7　给水系统水塔

39. 怎样设计养鸡场内的排水系统?

鸡每天排出的粪量很大，大约为其体重的10%，而日常管理所产生的污水也很多。因此，合理设置排水系统，及时消除这些污物与污水，是防止舍内潮湿、保持良好的空气卫生状况和保证鸡健康的重要措施。

（1）排污沟　排污沟用于接受鸡舍地面流来的粪水及污水，一般设在鸡舍的后端，紧靠清粪道。排污沟的形式一般为方形或半圆形。沟深30厘米，上口宽30～60厘米，沟底坡度1%～2%。排污沟应尽量用明沟，利于清扫消毒。若沟长总计超过200米，中间应设沉淀井。

（2）地下排水管 地下排水管与排水沟（管）呈垂直方向，排水口应比沉淀池底高50～60厘米，用于将沉淀池内经沉淀后的污水导入池中。因此，地下排水管需向粪水池有1%～3%的坡度。如果鸡舍外墙至污水池的距离超过5米，应在舍外设检查井，以便发生堵塞时疏导。在寒冷地区，对地下排水管的舍外部分及检查井需采取防冻措施，以免污水结冰。

40.怎样清除养鸡场内的粪便?

饲养场应具备与生产能力（饲养规模）相适应的粪便、污水集中处理设施。平养肉鸡采用一次性清粪；笼养肉鸡粪通常采用干法清掏，日产日清，并将鸡粪运至指定地点堆放、发酵。鸡粪堆放处应位于鸡场下风向至少50米的地方，根据发酵时间和每天产粪量合理计算堆粪场面积。一般来讲，每采食1.2～1.4吨饲料，产生1米^{3}的鸡粪。

41.怎样设计养鸡场内道路?

场内道路分净道和污道两种，要求净污分开，分流明确，互不交叉，排水性好，路面质量要好。净道作为场内运输饲料、鸡群和鸡蛋之用；污道用于运输粪便、死鸡和病鸡。道路宽度根据用途和车宽决定。主干道道路因与场外运输线路连接，其宽度为5.5～6.5米；支干道与鸡舍、饲料库、储粪场等连接，宽度一般为2.0～3.5米。场内道路应为不透水路面，要坚实、平坦，以硬路为宜，材料可根据具体条件修为柏油、混凝土、砖石或焦渣路面（图2-8）。道路推荐使用混凝土结构，厚度15～18厘米，混凝土强度C20以上，路面断面的相对坡度一般为1%～3%，道路与建筑物距离为2～4米。

主干道道路

生石灰消毒的支干道道路

图2-8　养鸡场内的道路

42. 场区绿化的重要作用及设计原则有哪些?

场界周边种植乔木和灌木混合林带，乔木如杨树、柳树、松树、刺槐等，灌木如榆叶梅等。特别是在场界的西侧和北侧种植混合林带，宽度应在10米以上，以起到防风阻沙的作用。场区周围围墙与鸡舍外围墙边还可以种植爬藤植物，能达到垂直绿化、防暑降温的效果。场区隔离带为达到降尘和防止人畜过往的目的，种植灌木密度应大些，应以人畜不能通过为宜。隔离区较宽时可在中间种植果树等不需要精细管理的农作物。场区道路两旁绿化以遮阳、美化为主，可种植常绿乔木和有观赏价值的灌木。鸡舍之间可种花种草，也可栽培果树。场区绿化还可以选种些驱蚊的植物，总之以美化、净化、卫生、防火防疫为主要目标。

43. 鸡舍屋顶的分类有哪些?

在建设鸡舍之前首先要确定鸡舍的整体结构，尤其是鸡舍屋顶的形式，鸡舍屋顶的形式有很多种，鸡舍多为平房，近年来也有采用楼房养鸡。平房鸡舍的屋顶形式有多种，如单坡式、双坡式、气楼式、拱式、平顶式、双坡歧面式等；楼房鸡舍的顶部多为平顶式。选择屋顶的形式，要考虑到鸡舍的跨度、建筑材料、气候条件、鸡场规模以及达到的机械化程度等因素。如单坡式鸡舍一般跨度较小，适于小规模养鸡，双坡式和平顶式鸡舍跨度较大，适于大规模机械化养鸡；双坡歧面式鸡舍，采光和保温较好，适于北方地区。

44. 怎样设计鸡舍屋顶和天棚？

屋顶对于鸡舍的冬季保温和夏季隔热都有重要的意义。屋顶除了要求防水、保温、承重外，还要求耐用、耐火、结构轻便、造价便宜。生产中大多数鸡舍采用三角形屋顶，坡度值一般为25% ~ 33.3%。屋顶材料要求绝热性能良好，以利于夏季隔热和冬季保温。

（1）石棉瓦屋顶 在屋架上铺设1层或2层石棉瓦。石棉瓦屋顶是目前鸡舍建造中使用最多的形式，但是其防寒效果不理想，隔热和保温效果较差。

（2）机制瓦屋顶 在屋架上面铺设木条或荆笆，抹厚约3厘米的草泥，再将机制瓦铺设在表面，保温隔热效果优于石棉瓦屋顶。

（3）彩钢板屋顶 由于彩钢板为3层结构，外层为金属瓦，内层为塑钢材料，中间以厚度为3 ~ 5厘米的泡沫塑料作为隔热层。彩钢板的保温效果十分理想，是用作鸡舍屋顶的理想材料。

（4）复合屋顶 由多种材料组成，由内向外分别为纺织布、发泡塑料、防水材料和沥青。这种屋顶质量小、保温隔热效果好。

（5）天棚 又称天花板，是将鸡舍与屋顶下空间隔开的结构。天棚的功能主要在于加强鸡舍冬季的保温和夏季的隔热，同时也有利于通风换气。常用的天棚材料有胶合板、矿棉吸音板等。

45. 怎样设计鸡舍的采光？

鸡舍采光分自然光照和人工光照两种。采用自然光照的鸡舍，对采光的基本要求是鸡舍向阳，舍外没有严重返挡光线的树木或建筑物。采光系数（窗户等有效采光面积与地面面积的比）1∶(7 ~ 9)，入射角一般不小于25°。正常情况下，舍内应保持明亮，夏季不应有直射阳光进入鸡舍，以防啄癖。

鸡舍人工光照的基本要求是：电路设施安全，电力供应和电压稳定，舍内用25～40瓦白炽灯（表2–2），3～4米间距和行距，吊装在距地面1.8～2米高的位置，各排灯具平行或交叉排列，灯泡均匀地交叉为2～3组（图2–9），分别连接在不同的线路上，以便开闭电灯时分次操作明暗效果，也可调整鸡舍光照度之用，或装设照明自动光照控制器。

图2–9　鸡舍的采光分布图

表2–2　鸡对光照度的需求

阶段	周　龄	光照度（勒克斯）		
		最佳	最大	最小
雏　鸡	1周龄以内	20	30	10
育成鸡	2～20周龄	5	10	2
肉种鸡	30周龄以上	30	30	10

46.怎样设计鸡舍粪沟？

平养肉鸡是一次性清粪；笼养肉鸡粪日产日清，采用刮板清粪的方式。因此刮板清粪的设计原则是方便、有利于鸡舍空气和防疫，鸡舍过道宽度为100～120厘米，设计时要考虑粪沟宽度、所用的粪车及绳索、减速机、转角滑轮等（图2–10）。

（1）粪沟宽度　按照所使用的鸡笼类型（鸡笼分全阶梯式和半阶梯式），注意最底层笼前沿线与粪沟线在同一条线，防止鸡粪落在走廊。

（2）粪沟深度　一般前高后低，形成微型坡度（0.15%向下缓坡）；100米鸡舍粪沟深度不低于50厘米，粪沟末端深度以刮出的粪不能溢出地面为原则；粪沟末端与外界相通，尽可能一次性将粪刮出舍外。

图2-10　鸡舍的粪沟

47. 鸡舍通风方式主要有哪些?

鸡舍通风的方式有三种，包括自然通风、机械通风和混合通风。

自然通风：依靠自然风的风压作用和鸡舍内外温差的热压作用，形成空气的自然流动，使舍内外的空气得以交换。一般开放式鸡舍采用的是自然通风，空气通过通风带、窗户和气楼等进行流通交换。自然通风较难将鸡舍内的热量和有害气体排出。

机械通风：依靠机械动力，对舍内外空气进行强制交换，一般使用轴流式通风机。机械通风又分为正压通风、负压通风和零压通风3种。根据鸡舍内气体流动的方向，鸡舍通风分为横向通风和纵向通风。

混合通风：自然通风和机械通风同时兼顾。

48. 鸡舍的正负压通风是如何作用的?

正压通风是用风扇将空气强制输入鸡舍，而出风口作相应调节以便出风量稍小于进风量而使鸡舍内产生微小的正压。空气通常是通过纵向安置在鸡舍的风管送风到鸡舍内的各个点上。

负压通风是利用排风机将鸡舍内污浊空气强行排出舍外（图2-11），在建筑物内造成负压，使新鲜空气从进风口自行进入鸡舍。负压通风投资少，管理比较简单，进入鸡舍的气流速度较慢，鸡体感觉比较舒适，因此广泛应用于密闭鸡舍的通风。

图2-11　鸡舍负压通风

49. 怎样进行鸡舍的纵向通风和横向通风?

（1）纵向通风　将排风扇全部安装在鸡舍一端的山墙，或山墙附近的两侧墙壁上，进风口在另一侧山墙或靠山墙的两侧墙壁上，鸡舍其他部位无门窗或将门窗关闭，空气沿鸡舍的纵轴方向流动。密闭鸡舍为防止透光，进风口设置遮光罩，排风口设置弯管或用砖砌遮光洞。进气口风速一般要求夏季2.5 ~ 5米/秒，冬季1.5米/秒。

（2）横向通风　风机和进风口分别均匀布置在鸡舍两侧纵墙上，空气从进风口进入鸡舍后横穿鸡舍，由对侧墙上的排风扇抽出。横向通风方式的鸡舍舍内空气流动不够均匀，气流速度偏低，死角多，因而空气不够清新，故较少使用。

目前应用较多、效果较好的通风方式是负压纵向通风，这种通风方式综合了负压通风和纵向通风两者的优点，鸡舍内没有通风死角，能够降低舍内温度，并将有害气体排出舍外。

第四节 养殖设备工艺选型

50. 肉鸡养殖场的主要设备有哪些?

规模化肉鸡养殖场主要设备有：育雏设备、笼具设备、饲喂设备、饮水设备、清粪设备、环境控制设备和消毒设备等。

51. 育雏的保温设备有哪些?

育雏舍的保温设备根据饲养规模和实际生产情况可分为热风炉供暖设备、保温伞供暖设备、红外线灯泡供暖设备等。

（1）热风炉供暖设备 主要由热风炉、轴流风机、有孔塑料管、调节风门等组成，位于保暖空间另一端的排风机是用于通风换气的装置（图2–12）。热风炉供暖系统有三种运行方式：加热换气、单纯加热和通风换气。它是供暖设备系统中的主要设备，是以空气为介质、以煤为燃料的燃烧式固定火床炉，为供暖空间提供无污染的清洁热空气。结构简单，热效率高，送热快，成本低。

图2–12 热风炉

（2）保温伞 保温伞是育雏的常用设备。保温伞有铁皮和玻璃钢两种（图2–13），可根据雏鸡的日龄进行人为控制温度，满足其生长需要。每个伞800 ~ 1200瓦，可供500 ~ 600只雏鸡使用。

（3）**红外线灯泡**　利用红外线灯泡散发的热量供暖，通常用250瓦红外线灯泡，可数个连在一起，悬于离地面35～45厘米高度，具体高度可以调节，室温低时灯泡低些，反之则高些（图2-14）。每盏灯可育雏100～200只。

图2-13　保温伞

图2-14　红外线灯泡

52.怎样确定规模化肉鸡场储料塔设备?

储料塔一般用于大中型机械化养鸡场，主要用来储存干粉状或颗粒状配合饲料，一般1栋鸡舍配1个料塔，以短期储存饲料供舍内饲喂（图2-15）。饲料在储料塔内的存放时间一般为2～3天。在大中型机械化养鸡场，凡是装有喂料

图2-15　储料塔设备

设备、输料设备的，一般均可配储料塔。储料塔的容量要根据鸡舍鸡位数、饲料的供应节拍来确定（表2–3）。

表2–3 储料塔容量

鸡舍鸡位数（万只）	储料塔容量（吨）	储料塔直径（米）	储料塔高度（米）
1	2.5 ~ 4	1.8 ~ 2	4 ~ 5
1.5	4 ~ 5.5	2 ~ 2.2	5
2	5 ~ 7	2 ~ 2.2	5 ~ 6
2.5	6 ~ 9	2 ~ 2.4	6 ~ 7
3	7 ~ 10	2 ~ 2.4	7 ~ 8

53. 怎样确定规模化肉鸡场输料设备?

输料设备是储料塔和舍内喂料设备的连接纽带，其作用是将储料塔的饲料输送到舍内喂料机的料箱中。输料机有螺旋弹簧式、螺旋叶片式、链式，目前使用较多的是前两种。选择螺旋弹簧式输料机时要根据鸡舍的跨度、鸡笼与喂料器的配置形式、饲养鸡只数和每日喂料次数来选择。螺旋弹簧式输料机不仅可与储料塔配套使用，而且在无储料塔时，也可与储料间或小型储料仓配套使用。由舍外向舍内送料时，一般需要两台螺旋叶片式输料机来完成，其中一台完成倾斜输料作业，将饲料送入水平机和料斗内，再由水平输料机将饲料输送到喂料机各箱中。

54. 怎样确定规模化肉鸡场喂料设备?

在鸡场的饲养管理中，喂料占用的劳动量很大，是一项花费工时又辛苦的工作，据统计，所占劳动时间约占总饲养工时的25%以上。另外，人工喂料往往造成大量的饲料浪费，用喂料机一般可节约2%左右。采用喂料设备不仅提高了劳动生产率，节约了饲料成本，还增加了喂料的均匀度，因此得到了大中型机械化养鸡场的青睐。目前国内生产的喂料设备有链式喂料机、螺旋弹簧式喂料机、行车式喂料机、索盘式喂料机、驱动弹簧式喂料机。

（1）链式喂料机 既可用于笼养，也可用于平养。平养链式喂料机可根据鸡舍面积、饲养鸡只数等情况配置成不同的形式。笼养链式喂料机可根据鸡笼的不同型号分别与3～4层阶梯式、半阶梯式、叠层式鸡笼配套。链式喂料机主要由驱动器、料箱、食槽、链片、转角器、清洁器等组成（图2-16）。

（2）螺旋弹簧式喂料机 主要由机头驱动部分、料箱、螺旋弹簧、输料管、食盘、悬挂钢丝绳、机尾等组成，见图2-17。属于直线型喂料设备，料线长度40～150米均可，根据鸡舍长度确定。工作过程为驱动器带动螺旋弹簧转，弹簧的螺旋面就连续地把饲料向前推进，通过落料口落放到每个食盘，当所有食盘都加满料后，最后一个食槽中的喂料器就会自动控制电机停止转动从而停止输料。当食槽中的饲料随着鸡的采食减少到喂料器启动位置时，电机又开始转动，螺旋弹簧又将饲料推进送至每一个食盘，如此使喂料机周而复始地自动工作。

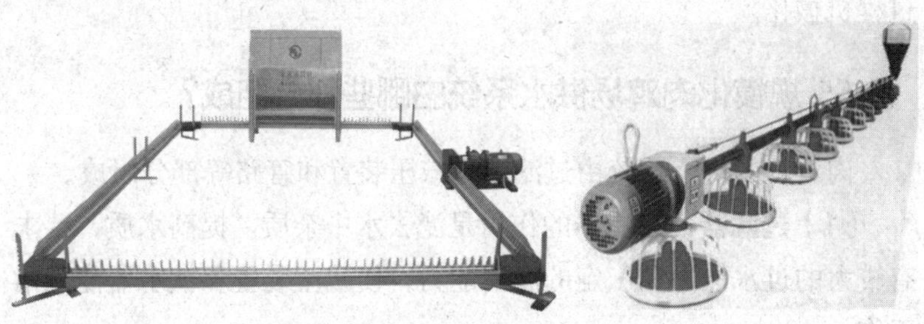

图2-16　链式喂料机　　　　图2-17　螺旋弹簧式喂料机

（3）行车式喂料机 行车式喂料机根据料箱的配置不同可分为顶料箱式和跨笼料箱式；根据动力配置不同可分为牵引式和自走式。顶料箱行车式喂料机只有一个料桶，设在鸡笼顶部，料箱容积要满足每次该列鸡笼所有鸡的采食量，料箱底部装有绞龙，当驱动部工作时，绞龙随之转动，将饲料推送出料箱，沿滑管均匀流放至食槽。跨笼料箱行车式喂料机根据鸡笼形式有不同的配置，但每列食槽上都跨坐一个矩形小料箱，料箱下部呈斜锥状，锥形扁口坐在食槽中，当驱动部件运转带动跨笼箱沿鸡笼移动时，饲料便沿锥面下滑落放至食槽中，完成喂料作业（图2-18）。

图2-18　行车式喂料机

（4）索盘式喂料机　索盘式喂料机用于输送干粉饲料，具有结构简单，生产效率高及安装、使用、维修方便等特点。一般用于平养鸡舍，也可以用于笼养鸡舍。

（5）驱动弹簧式喂料机　驱动弹簧式喂料机是一种新型喂料设备，可用于笼养，也可用于平养，结构简单，喂料速度快。使用弹簧式喂料机的好处是可实现公、母鸡分料饲喂，以满足不同的饲料营养要求。采用驱动弹簧式喂料机的同时选配输料机，可实现喂料过程机械化。

55.规模化肉鸡场供水系统由哪些部分组成？

肉鸡场的供水系统由过滤器、减压装置和管路等部分组成。

（1）过滤器　过滤器的作用是滤去水中杂质，提高水质，要求有较大的过水能力和一定的滤清能力，使减压装置和饮水器能正常工作。

（2）减压装置　鸡场水源一般用自来水或水塔里的水，其水压为49～392千帕，适用于水槽式饮水设备，而乳头式、杯式、自流式（吊塔式）、钟形饮水设备均需要较低的水压，而且压力要控制在一定的范围内，这就需要在饮水管路前端设置减压装置，来实现自动降压和稳压的技术要求。减压装置分为水箱式和减压阀式（图2–19）两种。

①水箱式减压装置的特点：使用简单，水位波动小，压力稳定。适用于乳头式、杯式、吊塔式（自流式）饮水器。优点在于可以配有缓慢释放药液的加药系统，不但起到减压稳定作用，还具有了配置药液的功能，以便于种鸡群的饮药、治病和防疫。

图2–19　减压阀式减压装置

②减压阀式减压装置的工作原理：当具有一定压力的水进入减压阀后，经过波纹管、弹簧、活塞等的作用，压力减到所需要的值时，由另一口流出进入饮水器。当鸡饮水时，管路流水增加，水压降低，减压阀又会通过弹簧、波纹管的调节作用，使供水管内的压力保持稳定。

56. 规模化肉鸡场饮水设备有哪些?

鸡场常用的饮水器分为乳头式、杯式、水槽式、吊塔式、真空式等饮水器。

（1）乳头式饮水器　乳头式饮水器是养鸡场最常用的一种饮水器。由乳头、水管、加压阀或水箱组成，还可配置加药器。乳头由阀体、阀芯和阀座等组成（图2–20）。阀座和阀芯由不锈钢制成，装在阀体中并保持一定间隙，利用毛细管作用使阀芯底部经常保持一个水滴，鸡啄水滴时即顶开阀座让水流出。乳头式饮水器可用于平养和笼养，还可配水杯。节省用水、清洁卫生，可免除清洗工作，只需定期清洗过滤器和水箱，节省劳力，经久耐用。但对材料和制造精度要求较高，质量低劣的乳头式饮水器容易漏水。

乳头式饮水器有雏鸡用和成鸡用两种，雏鸡用的阀芯端直径

2毫米，伸出阀体长2.5毫米，供水压强14.7 ~ 24.5千帕；成鸡用的直径2.5毫米，伸出长3毫米，供水压强24.5 ~ 34.5千帕。

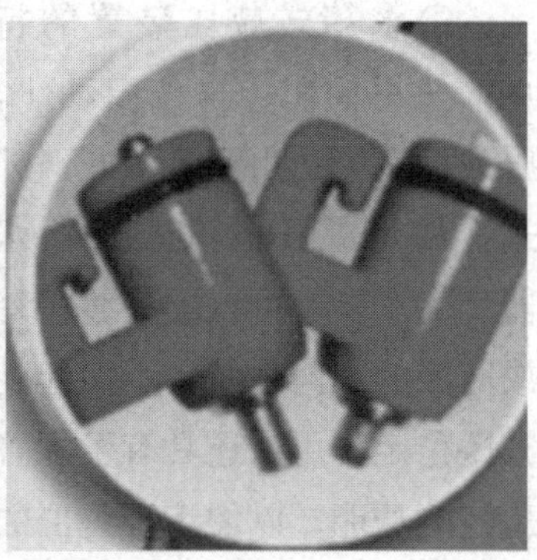

图2-20　乳头式饮水器

（2）杯式饮水设备　杯式饮水设备分为阀柄式和浮嘴式两种。当鸡喝水时，将杯舌下啄，水即流入杯体，达到自动供水的目的。当鸡喙离开杯舌不再饮水时，水压又使各部件恢复原位，使水不再流入杯体（图2-21）。杯式饮水设备适用于平养鸡舍，也适用于笼养鸡舍。成鸡和雏鸡都可以用，但要定期刷洗水杯，清除沉积的饲料，防止饲料发霉污染水质，同时要配有良好的供水系统。

（3）水槽式饮水设备　水槽式饮水设备的特点是设备简单、投资少、见效快。但缺点是容易漏水，安装要求高，要保证整列鸡笼几十米长度内水槽高度误差小于5毫米，误差大了不能保证正常供水，同时要注意刷洗卫生，经常刷洗，清除沉积在内部的饲料，以保证水质清洁（图2-22）。

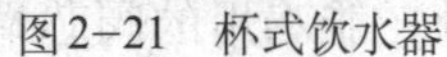

图2-21　杯式饮水器　　　　图2-22　水槽式饮水器

（4）**吊塔式饮水设备**　主要用于平养鸡舍，可自动保持饮水盘中有一定的水量。饮水器通过绳索或软管吊在天花板上，可根据要求调节饮水器高度，顶端的进水孔用软管与主水管相连接，进来的水通过控制阀门流入饮水盘，供鸡饮用（图2–23）。在悬挂饮水器时，水盘环状槽的槽口平面应与鸡体的背部等高。每个直径为40厘米的吊塔式饮水器，可供70～100只肉鸡饮水。

（5）**真空式饮水设备**　利用水压密封真空原理，使饮水盘中保持一定的水位，大部分水储存在饮水器的空腔中（图2–24）。鸡饮水后水位降低，饮水器内的清水能自行流出补充。饮水器盘底下有注水孔，装水时拧下盖，装水后翻转过来，水就从盘上桶边的小孔流出，直至淹没了小孔。鸡喝多少水，就流淌多少水，保持水平面稳定，直至水饮用完为止。盛水量2.5千克，适用于0～4周龄的雏鸡，可同时供15～20只鸡饮水，其特点是雏鸡不易进入饮水盘内；盛水量4～8千克，适用于生长后期的肉仔鸡和成年鸡，可同时供15～30只鸡饮水，其特点是可以平置和悬挂使用。真空饮水器是人工操作的简易饮水器，不适于饮水量较大时使用，此外每天清洗工作量大。

图2–23　吊塔式饮水器

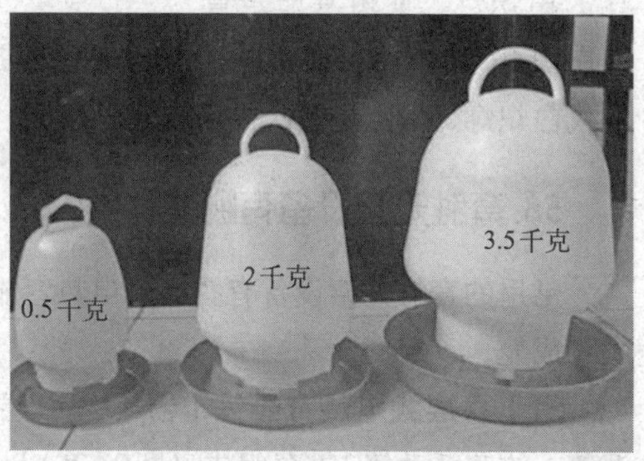

图2–24　真空式饮水器

57.肉鸡舍如何配备光照设施?

光照设备主要由光照自动控制器和光源两部分组成，光照自动控制器能够按时开灯和关灯，有石英钟机械控制和电子控制两种。

（1）光照自动控制器的特点

①开关时间可任意设定，控制准确。

②光照度可以自动调整，光照时间内日光强度不足时自动启动补充光照系统。

③灯光渐亮和渐暗灭，不仅可保证在开灯和关灯时鸡群不至受到惊吓，而且还可大大增加灯泡的寿命。

（2）灯具选用

①白炽灯（图2-25），首次投资较少，但发光效率很低，大约是日光灯的1/5。

②日光灯，比白炽灯省电，经济上比较合算。

图2-25　白炽灯

③电子节能灯，一只7瓦的节能灯亮度相当于一只45瓦的白炽灯，使用寿命是普通白炽灯泡的8倍，而且体积小，使用方便，光线柔和，可以直接取代白炽灯。缺点是初次投资较大一些。

58.育雏笼架设备有哪些种类?

常用的育雏笼架设备有叠层式电热育雏笼、叠层式育雏笼、一次育成笼。

（1）叠层式电热育雏笼（器） 为4层重叠式，由加热笼、保温笼、雏鸡活动笼3部分组成（图2-26）。各部分之间是独立结构，根据环境条件，可以单独使用，也可进行各部分的组合。如室温比较高时可专门使用雏鸡活动笼；如室温较低时，可适当减少活动笼，而增加加热笼和保温笼。通常情况下，1组加热笼、1组保温笼、4组活动笼的组合形式适用于1～45日龄雏鸡的饲养。

图2-26　叠层式电热育雏笼

（2）**叠层式育雏笼**　一般是4层或5层，整个笼组用镀锌的钢丝制成，笼架直接用粗钢丝作固定支撑，每层笼间用承粪板接粪，间隙50～70毫米，笼高330毫米，单体食槽，人工喂料，人工清粪。该笼适用对于整室加温的鸡舍。

（3）**一次育成笼**　育雏、育成阶段在一个笼内进行，从1日龄饲养到120日龄，中间不换笼。适用于整室加温的鸡舍。现在常用的一次育成笼主要有两种形式，即半阶梯式和叠层式，笼层3～4层，每层笼长900～1 000毫米，笼高350毫米，笼深350毫米，可饲养120日龄育成鸡25只，4层笼共养鸡100只。雏鸡在头一两周时，集中放在一层笼中，底网上铺放塑料垫网和报纸，笼内放有真空式饮水器和采食盘。随着鸡只的长大，将一层笼中的鸡再分放到各层笼中饲养，同时在室温较低时，小鸡挤靠在一起，可以提高成活率。

一次育成笼配有食槽（或乳头式饮水器），可以人工喂料、清粪，也可配用喂料机、清粪机，使用方便。

59.肉鸡笼架设备有哪些种类?

常见的肉鸡笼养均为穴体笼养，3层或4层重叠，其设计和构造与蛋鸡笼基本相同。高密度饲养比散养式养殖节约用地50%左右。肉鸡笼养设备按组合形式可分为全阶梯式、半阶梯式、叠层式、复合式和平置式，目前国内广泛使用的是前3种。

（1）全阶梯式笼养设备 笼架有2层、3层、4层之分，其特点是上下层鸡笼错开排列，无重叠或有小于50毫米的少量重叠，各层鸡笼中的鸡粪可直接落入粪坑。全阶梯式笼养设备具有通风良好、光照充分、对其他相关设备的依赖性小、便于手工操作等特点，也可以配套多种机械设备使用。笼饲密度一般为22～24只/米^2。

（2）半阶梯式笼养设备 一般为3～4层，上下层鸡笼在垂直方向部分重叠排列，重叠量占笼子深度的1/3～1/2。为防止上层鸡粪落到下层鸡身上，重叠部分的下层鸡笼后上角做成斜的，可以挂自流式承粪板。半阶梯式笼养设备与全阶梯式相比，饲养密度提高1/4～1/3，因此对通风、消毒、降温等环境控制设备的要求更高，但喂料、饮水、消毒、清粪等饲养过程可以部分由人工完成。

（3）叠层式笼养设备 上下层鸡笼全部重叠，笼架与地面垂直，一般为3～5层。在上下层鸡笼间留有较大间隙，内装承粪板。饲养密度高，可达48～64只/米^2，因而占地面积小，但对配套设备要求高。该设备需配备喂料、饮水、清粪、通风、降温、消毒及自动控制等设备，可以实现机械化、自动化操作。对电能的依赖性很高，所以在选用时须考虑是否具备各种条件。

60.肉鸡平养设施有哪些?

（1）栖架 鸡有高处栖息过夜的习惯，舍内设置栖架不仅适应鸡的天性，也使鸡与鸡粪分离，还可预防鸡病，防止鸡群拥挤压堆，利于鸡只生长。冬天可免受地面低温的影响。为了节省舍内空间，栖架也可做成合页折叠式结构（图2–27）。

图2–27 栖 架

（2）栅条底网　平养舍用栅条底网较为科学，栅条可用木条制成，栅条间距以能漏鸡粪但不漏鸡爪为宜，上表面不要有毛刺。

（3）塑料漏缝地板　塑料漏缝地板表面卫生，减少足病，易于清洗，持久耐用，国外种鸡场应用较多。

（4）塑料底网　平网养鸡的底网也用塑料网，采用特制塑料底网抗腐，不易滋生细菌，清洗方便，鸡粪易掉落，还可以防止鸡只胸囊肿、软腿病及断翅发生。

61. 肉鸡场机械清粪设备有哪些？

肉鸡场机械清粪常用设备有刮板式清粪机、带式清粪机和抽屉式清粪机。刮板式清粪机多用于阶梯式笼养和网上平养；带式清粪机多用于叠层式笼养；抽屉式清粪机多用于小型叠层式鸡笼。

（1）地面刮板式清粪机　主要用于平养、平置笼养和阶梯式笼养。清粪机配置在栖架或每排鸡笼下面的沟槽内，由钢丝绳牵引刮粪板，钢丝绳由驱动器带动，在钢丝绳的每个转弯处设有转角轮。刮粪板只作单向刮粪，当向前移动时刮粪板下落，把沟中的积粪刮向鸡舍的一端，再由横向除粪机排出舍外（图2–28）。回程时刮粪板抬起，以免把沟中遗留的粪带回来。刮板宽900 ～ 2 400毫米，粪沟深为200毫米，刮粪板的移动速度为8 ～ 12米/秒，最大运行距离为120米。

图2–28　地面刮板清粪机

（2）多层刮板式清粪机 一般在叠层笼养时使用。为了避免钢丝绳条滑落，主动卷筒和被动卷筒采用交叉缠绕，钢丝绳通过各绳轮并经过每一层鸡笼的承粪板上方。每一层有一刮板，一般排粪设在安有动力装置相反的一端。开动电机时，有两层刮板为工作行程，另两层为空行程，到达尽头时电动机反转，刮板反向移动，此时另两层刮板为工作行程，到达尽头时电动机停止。所用的刮板与地面刮板相比，结构简单，宽度和高度均较小。

（3）输送带式清粪机 承粪板安装在每层鸡笼下面，当机器启动时，由电机、减速器通过链条带动各层的主动辊运转，在被动辊与主动辊的挤压下产生摩擦力，带动承粪带沿笼组长度方向移动，将鸡粪输送到一端，被端部设置的刮粪板刮落，从而完成清粪作业(图2–29)。

图2–29 输送带式清粪机

62.选择肉鸡舍通风设备时应考虑哪些因素?

鸡舍如采用机械通风或混合通风，就需要购置合适的风机，选择高效低耗、低噪声、大风量、密封性能好、经久耐用的风机。要求风机具备一定的静压，一般常用50 ~ 70帕的风机。由于通风口对气流的阻力，通风量有10% ~ 15%的损耗，进风口和风机外的附属设施可导致更多的损耗，甚至可以高达50%，应酌情考虑，应选用变速风机。负压通风时，选用多数风量较小的风机比安装少数大量风机合理。纵向通风时，应选择直径大、转速慢的风机，这种风机风量大、噪声小，可形成柔和气流。通过加快转速、增加通风量，不仅容易产生贼风和噪声，而且转速加快1倍，电消耗增加8倍。

63.肉鸡舍通风设备种类有哪些?

（1）轴流式风机　所吸入和送出的空气流向与风机叶片轴的方向平行。特点是：叶片旋转方向可以逆转，旋转方向改变，气流方向随之改变，而通风量不减少。轴流风机可以设计为尺寸不同、风量不同的多种型号，并可在鸡舍的任何位置安装（图2-30）。

图2-30　轴流式风机

（2）离心式风机　风机运转时，气流靠带叶片的工作轮转动时形成离心力驱动。因而空气进入风机时和叶片轴平行，离开风机时变成垂直方向，这种特点使其适应通风管道90°的转弯。离心式风机由蜗牛形外壳、工作轮和带有传动轮的机座组成（图2-31）。空气从进风口进入风机，由旋转的带叶片的工作轮送入通风管中。离心式风机不具逆转性，压力较强，在畜舍通风换气系统中，多半在送热风和冷风时使用。

图2-31　离心式风机

（3）吊扇和圆周扇　吊扇和圆

周扇是置于顶棚或墙内侧壁上，将空气直接吹向鸡体，从而在鸡只附近增加气流速度，促进蒸发散热。一般作为自然通风鸡舍的辅助设备，安装位置与数量要视鸡舍情况而定（图2-32）。

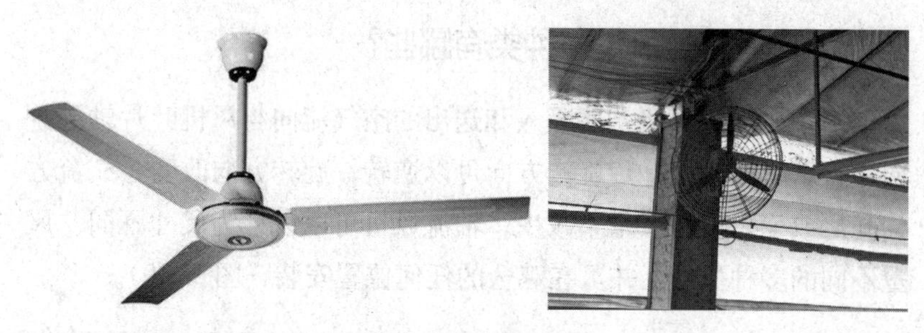

图2-32　吊扇和圆周扇

64. 肉鸡舍的通风降温系统有哪些？

当舍外气温高于29.4℃时，加大通风量已不能满足为鸡只提供一个舒适环境的需要，此时需要应用通风降温设备才能达到这一效果。生产中使用的通风降温设备有如下几种：

（1）低温喷雾系统　喷嘴安装在舍内或笼内鸡的上方，以常压进行喷雾。

（2）湿帘－风机系统　进入鸡舍的空气必须经过湿帘，湿帘的蒸发吸热使得进入鸡舍的空气温度下降。系统由ZB型纸质波纹多孔湿帘、低压大流量节能风机、水循环系统及控制装置组成（图2-33）。

图2-33　湿帘－风机系统

（3）喷雾－风机系统　与湿帘－风机系统相似，所不同的是进风须经过带有高压喷嘴的风罩，当空气经过时，温度就会下降。

（4）高压喷雾系统　特制的喷头可以将水由液态转为气态，这种变化过程具有极强的冷却作用。它是由泵组、水箱、过滤器、输水管、喷头组件、固定架等组成。

65. 鸡舍的消毒设备有哪些?

（1）高压冲洗消毒机　由小车、药桶、加压泵、水管和高压喷枪组成。喷枪的喷头可通过旋转调节水雾粒度。粒度大时，具有很大的压力和冲力，能将鸡笼和鸡舍墙壁上及地面的粪便、灰尘等脏物冲刷干净；粒度小时，可在药桶加消毒药喷雾消毒。同时在炎热气候时，还可用于喷雾降温。此设备主要用于鸡舍墙壁、地面和饲养设备的冲洗消毒。

（2）火焰消毒器　由手压式喷雾器、输油管总成、喷火器、火焰喷嘴等组成。使用的燃油是煤油或柴油，通过火焰高温灼烧消毒部位。操作过程要注意防火，最好带防护眼镜。此设备主要用于鸡群淘汰后喷烧鸡舍内笼具和墙壁上的羽毛、鸡粪等残留物，烧死附着的各种病原微生物。

（3）自动喷雾消毒器　主要由喷头、压缩泵、药液桶和水管组成，用于鸡舍的带鸡消毒。可沿着每列鸡笼的上部（距笼顶不少于1米）装设水管，每隔一定距离的位置装设一个喷头，工作时将药液浓度配置好，药液桶和压缩泵接通，待药液所受的压力达到预定值时，即可开启阀门开始喷雾消毒。此设备还可作为生产区人员和车辆的消毒设施。用于车辆消毒时，可在不同的位置安装多个喷头，对车辆彻底消毒（图2-34）。

图2-34　自动喷雾消毒器

第五节　鸡舍的环境控制

66.影响鸡舍环境的主要因素有哪些?

影响鸡群健康和生产性能的环境因素主要有以下几个方面：

(1)温度　温度对鸡生产性能影响最大。鸡对温度的要求较高，在肉鸡的生长期和产蛋期，适宜的温度是鸡只发挥正常生产性能的保证。若温度较高，则鸡只的采食量下降，饲料转化率（料肉比）下降，肉鸡增重减慢，死淘率上升，甚至大批鸡只因热应激而死亡。低温则会使鸡的基础维持需要增多，生长缓慢，料肉比增高。

(2)湿度　湿度在肉鸡生产中经常被忽视，鸡群最适湿度为50%～70%。低湿的环境易使鸡只体内水分大量散失，饮水量增加，采食量减少；高湿使鸡只体内热量容易散失（低温）或散不出去（高温），前者使机体抵抗力下降，后者往往造成热应激或中暑，严重者造成死亡或疾病的发生。

(3)光照　光照对鸡只的疾病影响很小，更多的是影响鸡只的生产性能。

(4)有害气体　鸡舍空气内的有害气体主要包括氨气、带有恶臭气味的硫化氢及空气中粉尘。有害气体浓度过大，会造成鸡发生疾病，导致死亡。

(5)综合环境因素　鸡舍建筑时场址的选择、鸡舍的布局、基础建设的供水系统、供暖系统、供电系统、供料系统、防疫系统、环境控制系统等对鸡群健康的影响有时是单一因素起作用，但更多的情况下是多种环境因素相互作用导致鸡群发病。

67.夏季鸡舍通风模式有哪些?如何选择?

(1)通风种类　在不同的区域，不同结构的鸡舍，选择不同的通风模式。通风模式主要有6种：纵向通风湿帘降温模式、横向通风湿帘降温模式、横向通风喷雾降温模式、横向通风换气模式、垂直通风换气模式、过渡通风换气模式（侧墙或屋顶进风/纵向排风）。因为季节气候差异较大的原因，在实际应用中，很少有使用单一模式的，都是将几种模式混合配置使用。

鸡舍在夏季适合选择纵向通风湿帘降温模式、横向通风湿帘降温模式和横向通风喷雾降温模式。

（2）通风模式的选择

①地域差异选择：从地域来说，在夏季，我国黄河以南温暖地区适合采用纵向通风模式，极端高温时采用湿帘降温；黄河以北寒冷地区适合采用垂直通风与过渡通风混合模式，并在混合模式的基础上采用喷雾降温。

②鸡舍结构差异选择：较短、较窄的鸡舍适合采用纵向通风模式，极端高温时采用湿帘降温；超长、超宽的鸡舍适合采用垂直通风与过渡通风混合模式，并在混合模式的基础上采用喷雾降温。

③饲养模式差异选择：平养鸡舍适合采用纵向通风模式，极端高温时采用湿帘降温；笼养特别是多层笼养鸡舍适合采用垂直通风与过渡通风混合模式，并在混合模式的基础上采用喷雾降温。

（3）通风效果　为确保鸡舍内的空气新鲜，一般每200米^{2}的鸡舍约配备1.2千瓦的风机1台，昼夜温差不应超过3～5℃，根据鸡龄和体重选择合适的通风模式和通风量；维持足够的风速，降低舍温，舍内空气流量舍内风速应达到目标要求。使用纵向通风系统时应使舍内风速达到122米/分，这样能将舍内温度维持在30℃以下，空气运动本身会对鸡只产生风冷效应，相当于能降低温度5～7℃。炎热季节应结合喷雾降温或湿帘降温使鸡群保持舒适，进气口风速一般要求夏季2.5～5.0米/秒。

68. 冬季鸡舍常用供暖措施有哪些？如何选择？

规模化养鸡的供暖方式主要分为集体供暖和局部（分栋）供暖

两种形式。集体供暖设备主要有热水散热风机、地源热泵等。局部供暖一般主要用于育雏期间的雏鸡供暖，局部供暖设备一般主要是热风炉、保温箱（灯）、电暖风机等。

（1）热水散热风机采暖系统 热效率高，用水量少，而且干净卫生，价格适中，在全国很多地区使用，这种供暖设备供热速度快，安装方便，安全性能好，全部自动控制——自动控制热风输出，自动控制环境温度，具有自动报警、自动保护功能，可满足不同用户对温度的要求，是鸡舍比较理想的供暖设备，也是未来规模化养鸡供暖的发展方向之一。

（2）地源热泵采暖系统 是一种新兴的集体供暖模式，节能和环保的优势非常大，但是它的投资高，在推广上难度比较大，不适于当今用户的规模化使用。

（3）热风炉 一般养殖用户在局部供暖中普遍采用。安装简单，投资少，升温速度快，但热效率一般，仅适用于小型养鸡场。

69.鸡舍常用清粪方式有哪些？

鸡舍与其他畜舍不同，舍内饲养设备下的粪槽因饲养方式和清粪方式的不同而异。常用的鸡舍清粪方式有三类：

（1）大型养鸡场的经常性清粪 即每天定时清粪1～2次，所用设备有刮板式清粪机、传送带式清粪机和抽屉式清粪板。

（2）蓄粪沟一次性清粪 即饲养一定时期（如数天、数月甚至一个饲养周期）清一次粪，由于时间间隔较长，要求鸡舍配备较强的通风设备，以控制鸡舍内有害气体的浓度不超标。常用的设备是拖拉机前悬挂式清粪铲，这类设备一般适用于高床笼养鸡舍或散养鸡舍。

（3）鸡舍笼架下凸形地面的定时清粪 是在鸡舍过道的两侧，以鸡笼下层底网外侧缘和地面的垂直点处与走道平行开一条宽25～30厘米的集粪沟（与清粪用的平头铁锹等宽），沟长与鸡笼长度相等，集粪沟深度20厘米，沟底坡度3°～5°，鸡舍入门端沟底稍高，另一端的沟底稍低，与集粪沟对应的鸡舍房外墙处留一出粪口，以便粪水流到舍外。通道及笼下地面相应要有一定弧度，中间稍高，两侧稍低，坡度为3°。地面、通道与集粪沟均用水泥硬化成光滑地面。用集粪刮板将笼下鸡粪刮入集粪沟，用平头铁锹将粪沟内的鸡粪分段多次推至舍外，或将鸡粪装入粪车经出粪门处推至舍外。清粪完毕后，用水清洗走道、笼下地面，污水经集粪沟流至舍外。

70. 怎样有效降低鸡舍有害气体的排放量？

鸡舍中的有害气体主要有氨气、硫化氢、二氧化碳、一氧化碳和甲烷。在规模化养鸡生产中，这些气体污染鸡舍环境，引起鸡群发病或生产性能下降，降低养鸡生产效益。目前可有效降低鸡舍中有害气体的方法有以下几种：

（1）合理建造鸡舍　鸡舍应建在地势高燥、通风良好的地方，通风系统、清粪系统要设计合理，限制有害气体的产生并保证及时排出。

（2）控制鸡群密度　鸡舍内密度不宜过大，鸡笼摆放不可过于拥挤，每笼鸡数不要超标。

（3）优化日粮结构　按照鸡的营养需求配制全价日粮，避免日粮中营养物质的缺乏、不足或过剩，特别要注意日粮中粗蛋白质的水平不宜过高，否则会造成蛋白质消化不全而产生过多的氨气。

（4）及时清除　及时清除鸡舍的粪便及其他废弃物，防止其在舍内分解发酵产生大量有害气体。

（5）通风换气　合理通风换气，清除舍内有害气体。当自然通风不足以排除有害气体时，必须实行机械通风。特别是冬季，既要做好防寒保温，又要注意鸡舍的通风换气。

（6）添加微生物制剂　研究发现，很多有益微生物可以提高蛋白质利用率，饲料中添加微生物制剂可以抑制有害气体产生，减少粪便中氨气的排放量，降低舍内空气中有害气体的含量。目前常用的有益微生物制剂很多，如EM制剂，具体使用应根据产品说明拌料饲喂或拌水饮用，亦可喷洒鸡舍，除臭效果显著。

（7）化学药物 使用药物也能达到清洁空气、清除臭味的目的。如可在鸡粪表面撒布生石灰，过磷酸钙等化学物质，减少或吸附空气中氨气，也可在鸡粪上喷洒过氧乙酸、新洁尔灭等消毒剂，通过杀菌消毒，抑制有害细菌的分解发酵，抑制和降低鸡舍内有害气体的产生。在垫料中混入硫黄，使垫料的酸碱度小于7.0，这样可抑制粪便中氨气的产生和散发，降低鸡舍空气中氨气含量，减少氨气臭味。

（8）中草药 将适量的中草药在舍内燃烧，可抑制细菌的生长和繁殖，从而达到除臭的效果，在空舍时使用效果明显。常用的有艾叶、苍术、大青叶等。

71.怎样高效使用鸡舍环境控制器?

现代化的环境控制系统功能十分强大（图2–35）。其中，环境控制器的核心理念，就是对鸡舍内温度、湿度、通风等方面实现实时全自动控制以及对自动喂料、饮水的精确计量和光照的智能化控制，目的是为鸡舍提供足够多的新鲜空气，排出过多的废气和有毒气体，保证鸡舍内适宜的温度和湿度，来满足肉鸡生长的需求，最大限度地发挥其生产潜能。正确、高效地使用鸡舍环境控制器需注意以下几个方面：

图2–35 鸡舍环境控制器

（1）日常参数管理

①时钟和日龄的核对：经常核对环境控制器的时钟和日龄，保证准确无误，按时正确输入死淘数等鸡舍参数。

②温湿度的控制：温度的控制是一条从高到低的曲线，控温点的设定是设置某一时段的起点温度和终点温度，而在这个时间段内的控温点是随着时间的变化而从起点温度向终点温度逐渐变化的。湿度控制与温度不同，在一个时段内的湿度设定值是不变的，到了下一个时段才会发生变化。

③通风量的大小和通风方式：通风量的大小和通风方式关系到节能效果，进而影响到养鸡场的经济效益。通风有换气和降温两种工作方式，通风系统工作在降温方式时，“风机+湿帘”可以有效降低舍内温度，但是当外界湿度高于70%时采用湿帘降温的效果逐渐降低，这时应该关闭湿帘，增加启动风机数量，增大通风量，减少鸡群的热应激。

（2）硬件设施的维护

①保证鸡舍良好的密封性：鸡舍密闭不严，导致鸡舍内外静压误差增大，影响鸡舍的通风效果。

②防雷和过流过压保护：环境控制器必须有防雷和过流过压保护，防止雷击或因供电不正常而造成控制电路损坏。

③检查：定期检查环境控制系统的手动功能，确保在自动控制发生故障时，手动控制能正常工作。

④定期维护过滤器：自动饮水系统的反冲式过滤器能去除自来水中机械杂物，保证饮水清洁，防止乳头饮水器堵塞。

⑤及时清理灰尘和杂物：及时清理电机上面的灰尘及杂物。消毒冲洗鸡舍时应保护好电机，以防进水。电机维修安装后应确保电机转向正确。

第三章　肉鸡品种

第一节　品种类型及其生产性能

72. 肉鸡品种如何分类?

肉鸡是一种专门用于食肉的鸡品种，肉鸡的养殖有着悠久的历史，总体可以分为快大型肉鸡和优质型肉鸡。

（1）快大型肉鸡　诸多国内外育种公司和科研机构长期从事肉鸡品种的研究和选育工作，通过选择优秀的父本和母本，采用四系配套杂交进行制种生产，加上科学的饲养管理、有效的防病防疫措施和标准化的鸡场设施，不断培育出具有优良特征的快长型品种。其突出的特点是早期生长速度快，体重大，大部分鸡种为白色羽毛，少数鸡种为黄或红色羽毛，一般商品肉鸡45天出栏，是目前世界肉鸡业的主流。因为较易加工烹调，是主要的快餐食品之一，在西方国家和中东地区较受消费者喜爱。

主要品种有爱拔益加（AA白羽肉鸡)、罗斯（308）白羽肉鸡、科宝（Cobb）白羽肉鸡、艾维茵白羽肉鸡、彼德逊白羽肉鸡、狄高红羽肉鸡、红布罗红羽肉鸡、海佩科红羽肉鸡等。

（2）优质型黄羽肉鸡　由我国地方良种鸡（黄羽或麻羽）进行本品种选育或进行品系选育和配套杂交生产的，生产中应用的多数是两系杂交和三系杂交进行生产的，或用我国地方良种与引进的鸡种（如红布罗、阿纳克、海佩克等）进行配套杂交育成，具有符合该地区和民族喜好的较好的体型外貌和较高的生产性能。

黄羽肉鸡在我国形成了众多各具特色的品种，它们的体型外貌、生产性能具有巨大差异。而当地居民能将某些品种特征羽肉鸡相联系，从而形成了不同消费习惯，也使黄羽肉鸡形成了相对复杂的区域市场需求。为了便于区分，通常可以按照毛色（麻羽、黄羽、黑羽、花羽）、肤色（黄色、白色、黑色）、胫色（黄色、青色、白色、黑色）、胫长（长脚、矮脚）、生长速度（快长、中速、慢速）、上市日龄（60天前、60～90天、90天后）及市场区域（华南、华中、华东、华北、西南）等方面的异同将其分类，其中以上市日龄和生长速度相结合的方式进行划分的方法因简单实用而得到了普遍认可。

73. 世界上知名育种公司及其主要肉鸡品种有哪些？

目前，世界上知名的肉鸡育种公司主要有五大家，如表3-1所示。

表3-1　世界上知名的育种公司及其育成的主要肉鸡品种

肉鸡育种公司	育成的主要肉鸡品种
安伟捷集团	爱拔益加、罗斯和印度安河肉鸡
海波罗家禽育种公司	主要业务是白羽肉鸡和黄羽肉鸡育种
美国泰森集团	艾维茵、科宝、海波罗
法国克里莫集团	FLEX、CLASSIC、YIELD、红宝和JA57
卡比尔国际育种公司	黄羽肉鸡育种

74. 我国引入的白羽肉鸡品种主要有哪些？

从20世纪80年代开始，我国从国外全盘引入了肉鸡的品种、饲料和养殖技术，肉鸡养殖业得到快速发展。当前，我国白羽肉鸡的祖代全部是从国外引进的品种，快大型白羽肉鸡约占整个肉鸡产量的80%。

2014年我国引进的白羽肉雏鸡祖代的总量为118.08万套，引进的祖代白羽肉雏鸡有4个品种，即爱拔益加肉鸡（AA）、罗斯308肉鸡、科宝肉鸡和哈伯德肉鸡。2015年受美国和法国等国家暴发禽流感的影响，我国白羽肉雏鸡祖代的引进量比2014年减少了48.69万套。

2014年和2015年我国引进的肉鸡品种所占比例见图3-1。

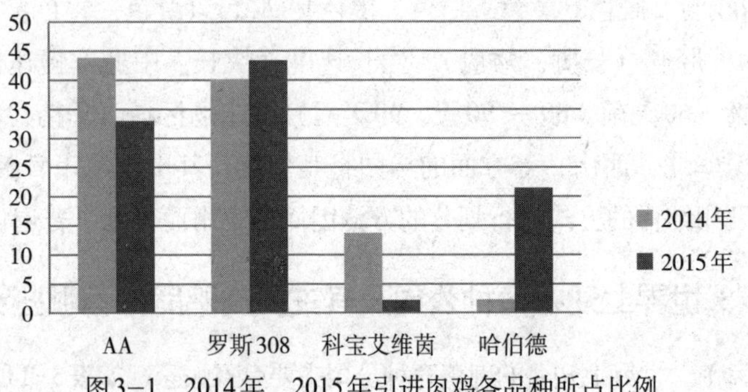

图3-1　2014年、2015年引进肉鸡各品种所占比例

（1）**爱拔益加肉鸡**（Arbor Acres，简称AA）　是美国爱拔益加公司培育的优秀的四系配套杂交鸡（图3-2）。我国引入AA肉鸡的祖代种鸡已有多年，饲养量较大，且效果也较好。其父母代种鸡的产量高，并可以利用快慢羽自别雌雄，商品代仔鸡的生长快，适应性强。AA肉鸡父母代种鸡生产性能：入舍母鸡产蛋期平均成活率92%，产蛋率64%；达50%产蛋率时，种鸡为25周龄；入舍母鸡年产蛋量170个，生产雏鸡146只。AA商品代鸡42日龄体重为1.59千克，料肉比1.76∶1；49日龄体重可达1.99千克，料肉比为1.92∶1。

图3-2　爱拔益加肉鸡

（2）罗斯308肉鸡　英国罗斯育种公司育成的四系配套肉鸡（图3–3）。罗斯308肉鸡的体质健壮，成活率高，生长速度快，出肉率也高，且商品代雏鸡可以根据羽速自别雌雄。罗斯308肉鸡种鸡产蛋期成活率95%，高峰产蛋率86%，入舍母鸡年产蛋量186个，出雏149只。商品肉鸡49日龄体重可达3.05千克，料肉比为1.82∶1。

图3–3　罗斯308肉鸡

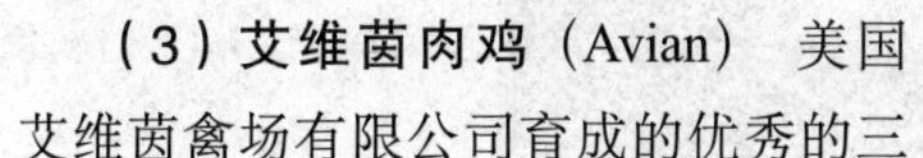

（3）艾维茵肉鸡（Avian）　美国艾维茵禽场有限公司育成的优秀的三系配套肉鸡（图3–4）。该鸡体型大，自引进以来，饲养量较大。艾维茵肉鸡覆羽白色，皮肤黄色而且光滑，商品代仔鸡的生长速度快，饲料转化率高，适应性也强。父母代种鸡的生产性能：达50%产蛋率时，种鸡日龄为175 ~ 182天，成活率为95%；高峰产蛋期在32 ~ 33周，产蛋率为85%，孵化率为90%；产蛋期的成活率为90% ~ 93%，平均产蛋率56%；入舍母鸡年产蛋量183 ~ 190个，出雏149 ~ 154只；商品代鸡42日龄体重可达1.97千克，料肉比为1.72∶1；49日龄时体重为2.45千克，料肉比为1.89∶1。

图3–4　艾维茵肉鸡

（4）哈伯德肉鸡　法国哈巴德育种公司育成的四系配套肉用鸡（图3–5）。该鸡生长速度快，胸肉率高，且仔鸡能通过羽速自别雌雄。入舍母鸡的年产蛋量180个，种蛋孵化率84%，蛋壳为褐色。商品代肉仔鸡49日龄时公、母鸡的平均体重2.38千克，料肉比2.08∶1。

图3-5　哈伯德肉鸡

75.我国引入的黄羽肉鸡品种主要有哪些?

（1）狄高肉鸡　澳大利亚狄高公司培育的配套系自别雌雄黄羽肉鸡品种（图3-6）。该鸡生长速度快，饲料转化率高，与爱拔益加等白羽肉鸡近似。商品代仔鸡5周龄公鸡体重1.76千克，母鸡1.10千克，料肉比为1.71∶1；6周龄公鸡体重为2.27千克，母鸡1.92千克，料肉比为1.94∶1。

图3-6　狄高肉鸡

（2）矮脚黄鸡　法国威斯顿公司培育的高产黄羽肉鸡（图3-7）。父母代母鸡开产日龄为154～161天，开产体重为1.60～1.70千克。28～32周龄为产蛋高峰期，高峰产蛋率为90%，68周龄入舍母鸡年产蛋量190 ~ 200个，成活率92.5%以上。

图3-7　矮脚黄鸡

（3）安卡红肉鸡　以色列PUB公司培育的四系配套肉鸡（图3-8）。该鸡适应性强，生长速度快，饲料报酬高。父母代母鸡的繁殖性能如下：66周龄入舍母鸡年产蛋量176个，合格蛋164个，出雏140只；种蛋孵化率87%。商品代肉鸡6周龄体重2.00千克，料肉比1.75 : 1；7周龄体重2.40千克，料肉比1.94 : 1；8周龄体重2.87千克，料肉比2.15 : 1，成活率高于92%。

图3-8　安卡红肉鸡

76.我国黄羽肉鸡品种如何分类?

我国黄羽肉鸡分布广泛，按照来源可以分为地方品种、培育品种和引入品种三大类；按生长速度分为快速型、中速型和慢速型；还有一些品种可以蛋肉兼用。

（1）按来源

①引入品种：目前引入的国外品种主要有狄高肉鸡、矮脚黄鸡和安卡红肉鸡等。狄高肉鸡是由澳大利亚狄高公司培育的快大黄羽肉鸡配套系；矮脚黄鸡是由法国威斯顿公司培育的高产黄羽肉鸡；安卡红肉鸡是由以色列PUB公司培育的快大型黄羽肉鸡配套系。

②培育品种：按其生产性能和体型大小可分为以下四类：一是优质型“仿土”黄羽肉鸡，如粤禽皇3号鸡配套系；二是中速型黄羽肉鸡，如粤禽皇2号鸡配套系、江村黄鸡JH-3号配套系和岭南黄鸡Ⅰ号配套系等；三是快速型黄羽肉鸡，如京星黄鸡102配套系、江村黄鸡JH-2号配套系和岭南黄鸡Ⅱ号配套系等；四是矮小节粮型黄鸡，如京星黄鸡100配套系。

③地方品种：我国地方品种除个别蛋用品种外，大部分为黄羽肉鸡品种。按照体型大小可分为三类，即大型、中型和小型。大型黄羽肉鸡包括浦东鸡、溧阳鸡、萧山鸡和大骨鸡等；中型黄羽肉鸡包括固始鸡、崇仁麻鸡、鹿苑鸡、桃源鸡、霞烟鸡、洪山鸡、阳山鸡等；小型黄羽肉鸡包括清远麻鸡、文昌鸡、北京油鸡、惠阳胡须鸡、杏花鸡、宁都黄鸡、广西三黄鸡、怀乡鸡等。

（2）按生长速度

①快速型：生长速度快、饲料转化率高、胸肌发达，一般60天上市，上市公、母鸡体重达1.3～1.5千克。市场对其体型外貌要求不高，要求体型长、胫长而粗，不一定需要具有典型的“三黄”特征，也可以为麻羽、黑羽，青色胫、黑色胫，以及白皮肤等，但要求一致性较好。地方品种生长速度比较慢，一般达不到此类品种要求，多数为培育的品种（配套系）。

快速型黄羽肉鸡以长江中下游上海、江苏、浙江和安徽等省份为主要市场。品种有皖南青脚鸡、五星黄鸡、皖江黄鸡、岭南黄鸡二号、粤秦皇二号等。

②中速型：要求在60～90天上市，上市体重达到1.5～2.0千克。

毛色可以为黄羽或麻羽，但要求毛色光亮、冠红大而直立、胸肌发达、体型滚圆、胫矮而粗，这样才能表明鸡只健康且饲养日龄长。市场对这类鸡体型外貌和口味要求比快速型鸡高，生长速度次之。

中速型黄羽肉鸡以香港、澳门和广东珠江三角洲地区为主要市场，内地市场有逐年增长的趋势。品种有新兴黄鸡二号、岭南黄鸡一号、京海黄鸡、金陵麻鸡、墟岗黄鸡等。

③慢速型：要求母鸡在90天后上市，体重达1.1 ~ 1.5千克。其中又可细分为两大类：一类是90 ~ 110天上市的优质仿土鸡，母鸡体重1.3 ~ 1.5千克；另一类是120天或更长时间上市的特优质型，以放养为主，母鸡体重1.1 ~ 1.3千克，此时个别鸡已经开始产蛋，肉质达到最好，是目前最高档的优质肉鸡。市场对慢速型品种鸡的体型外貌要求极为严格，有时还超出了对长速和肉质的要求，一般要求体型为楔形或U形、体态优美、圆润、尾羽较短、胫短而细、早熟性好、冠大红而直立、皮薄而嫩。

优质型黄羽肉鸡以广西、广东市场为代表，内地中高档宾馆饭店、高收入人群也有需求，这种类型的鸡一般未经杂交改良，以各地优良地方鸡种为主。品种有文昌鸡、清远麻鸡、固始鸡、大骨鸡、乌骨鸡、广西三黄鸡、雪山鸡、广西麻鸡、金陵黄鸡等。

77. 我国地方型黄羽肉鸡代表性品种有哪些？

我国地方肉鸡品种一般按体型大小进行分类，分为大型、中型和小型黄羽肉鸡，以下列出部分代表性品种的生产性能。

（1）大型黄羽肉鸡

①萧山鸡：鸡体型较大，外形近似方而浑圆；羽毛基本黄色，单冠，肉垂、耳叶均为红色；公鸡体格健壮，羽毛紧密，头昂尾翘，母鸡体态匀称，骨骼较细（图3–9）。父母代种鸡的开产日龄185天，开产体重1.8千克，年平均产蛋量110个，平均蛋重56克。公、母鸡配种比例1∶12，种蛋受精率84.85%，种蛋孵化率77.43%。成年公鸡体重3 ~ 3.5千克，母鸡2.0千克左右，雏鸡30

日龄成活率69% ~ 90%。

图3-9 萧山鸡

②浦东鸡：体型较大，呈三角形；公鸡羽色有黄胸黄背、红胸红背和黑胸红背三种，单冠直立，冠齿多为7个；母鸡全身黄色，羽片端部或边缘常有黑色斑点；有的冠齿不清，耳叶红色，脚趾黄色，有胫羽和趾羽（图3-10）。种鸡平均开产日龄184天，年产蛋量177个，平均蛋重60.4克。蛋壳浅褐色。公、母鸡配种比例1 ：（12 ~ 15），平均种蛋受精率90%，平均受精蛋孵化率80%。28日龄的公、母鸡体重分别为432.7克、395克，70日龄的公、母鸡体重均可达到1.5千克以上，半净膛率85%以上，料肉比为（2.6 ~ 3.0）：1，成年的公、母鸡体重分别为3.27千克、2.9千克。

图3-10 浦东鸡

③大骨鸡：体型较大，胸深而宽广，背宽而长，腹部丰满；公鸡羽毛棕红色，尾羽黑色并带有绿色光泽；母鸡多为麻黄色。公鸡单冠直立，母鸡单冠、冠齿较小；冠、耳叶和肉垂皆呈红色，趾呈黄色（图3-11）。大骨鸡的母鸡180 ~ 210天开产，平均年产蛋量

160个，蛋重62 ~ 64克。公、母鸡配种比例1 ：（8 ~ 10），种蛋受精率90%，受精蛋的孵化率80%。成年公、母鸡体重分别为3.5千克、2.3千克左右，公、母鸡的半净膛率分别为77.8%、73.4%，全净膛率分别为75.6%、70.8%。

图3-11 大骨鸡

（2）中型黄羽肉鸡

①北京油鸡：原产地为北京郊区海淀、定安门以及德胜门一带。该鸡有冠羽和胫羽，羽毛蓬松，尾羽高翘（图3-12）；肉质细嫩，肉味鲜美。母鸡7月龄开产，开产体重1.6千克。每只母鸡年产蛋量约125个，平均蛋重56克，公、母鸡配种比例1 :（8 ~ 10），种蛋的受精率93.2%，受精蛋的孵化率82.7%。商品鸡的初生重38.4克，4周龄体重220克，8周龄体重549.1克，12周龄体重959.7克，20周龄的公、母鸡体重分别为1.50千克、1.20千克，成年公、母鸡体重分别为2.05千克、1.73千克。

图3-12 北京油鸡

②桃源鸡：体型高大，体质结实，单冠、青脚，羽色金黄或黄

麻、羽毛蓬松；公鸡姿态雄伟，勇猛好斗，头颈高昂，尾羽上翘；母鸡性格温顺，后躯浑圆（图3–13）。种鸡开产日龄195天，年平均产蛋量158个，蛋重53克。公、母鸡配种比例1∶(10 ~ 12)，种蛋的受精率83.83%，受精蛋的孵化率83.81%，母鸡的就巢性一般。成年公、母鸡体重分别为3.34千克、2.94千克。半净膛率公、母鸡分别为84.90%、82.06%。

图3–13　桃源鸡

③固始鸡：个体中等，外观清秀，体型紧凑，结构匀称，羽毛丰满；羽色大多呈黄色，少数黑羽和白羽；冠型分单冠和复冠两种，单冠居多（图3–14）。母鸡开产日龄205天，体重1.3千克，年平均产蛋量141个，蛋重51.4克。公、母鸡配种比例1∶12，种蛋的受精率90.4%，受精蛋的孵化率83.9%。90日龄公、母鸡体重分别为487.8克、335.1克，180日龄公、母鸡体重分别为1.27千克、0.96

图3–14　固始鸡

千克，成年公、母鸡体重分别为2.10千克、1.50千克。5月龄公、母鸡半净膛率分别为81.76%、81.61%。

（3）小型黄羽肉鸡

①清远麻鸡：母鸡体形似楔形，头细、脚细，羽色为麻色；单冠直立，脚黄（图3–15）。种母鸡年产蛋量约为80个，蛋重约46.6克。在农家饲养条件下，母鸡5～7月龄开产，公、母鸡配种比例1∶(13～15)，种蛋受精率90%以上，受精蛋孵化率80%左右，母鸡的就巢性强。84日龄公、母鸡体重平均为0.91千克，成年公、母鸡体重分别为2.18千克、1.75千克。

图3–15 清远麻鸡

②杏花鸡：体质结实，结构匀称，被毛紧凑，前躯窄而后躯宽；体型的特征可概括为“两细”（头细、脚细），“三黄”、“三短”（颈短、体躯短、脚短）（图3–16）。父母代种鸡的开产日龄150天，年平均产蛋量95个，平均蛋重45克左右。公、母配种比例1∶(13～15)，种蛋受精率90%以上，受精蛋孵化率74%。成

图3–16 杏花鸡

年公、母鸡平均体重分别为1.95千克、1.59千克。公、母鸡半净膛率分别为79%、76%，全净膛率分别为74.7%、70%。

③惠阳胡须鸡：体躯呈葫芦瓜形，标准特征为额下发达而张开的胡须状髯羽，无肉垂或仅有一些痕迹（图3-17）。父母代种鸡的开产日龄115 ~ 200天，年产蛋量98 ~ 112个，平均蛋重45.8克，平均种蛋受精率88.6%，受精蛋孵化率84.6%，公、母鸡配种比例1 : (10 ~ 12)。商品代鸡初生重为31.6克，成年公、母鸡平均体重分别为2.23千克、1.60千克。公、母鸡半净膛率分别为87.5%、84.6%，全净膛率分别为81.1%、76.7%。

图3-17　惠阳胡须鸡

78. 我国西南地区黄羽肉鸡大品种是如何分布的?

大品种就是指以青脚麻鸡、乌皮麻鸡、快大黄鸡、竹丝鸡等为特征进行的分类。根据市场调查，目前西南地区各品种所占比例结构大致呈如下状况：青脚麻鸡70% ~ 75%，乌皮麻鸡8% ~ 10%，快大黄鸡3%，竹丝鸡1% ~ 2%（主要由温氏集团西南公司出栏），黄麻鸡3%（以柳麻、良凤花为代表），康达尔鸡（882）等15% ~ 20%。青脚麻鸡的养殖遍布西南地区各地方，范围非常广；乌皮麻鸡养殖地主要为四川的泸州、宜宾、雅安、眉山及云南、重庆等区域；快大黄鸡、黄麻鸡主要散养于四川的绵阳、新津，重庆的璧山、万州及云南和贵州等地；康达尔鸡（882）、黄杂鸡等主要分布于四川的凉山、达州、攀枝花及云南、贵州、重庆等广大山区。

79. 我国西南地区代表性地方品种有哪些?

我国西南地区主要包括重庆、四川、云南和贵州等地，西南地区的地方肉鸡品种繁多，下面列出一些有代表或者有特色的地方肉鸡品种。

（1）**城口山地鸡**　原产地为重庆市城口县。该鸡体型中等，结构匀称，体躯略偏长（图3–18）。该鸡具有适应性强、抗病能力强、觅食能力强的特点。种母鸡年产蛋量70～130个，蛋重51.9克，母鸡180日龄开产，公、母鸡配种比例1∶（10～12），种蛋受精率93%，受精蛋孵化率92%，母鸡的就巢率约90%。公、母鸡平均初生重36.5克，成年公、母鸡体重分别为2.12千克、1.76千克。

图3–18　城口山地鸡

（2）**大宁河鸡**　原产地为重庆市巫溪县。该鸡体型中等，结实紧凑，体态清秀，头中等大小（图3–19）。该鸡具有耐寒性能、

图3–19　大宁河鸡

抗病力强、耐粗饲、适合野外放牧饲养的特点。种母鸡年产蛋量150 ～ 170个，蛋重48 ～ 52克，母鸡190日龄开产，种蛋受精率92%，受精蛋孵化率90%，母鸡的就巢率高达90%以上。公、母鸡平均初生重32克，成年公、母鸡体重分别为1.89千克、1.71千克。

（3）峨眉黑鸡 原产地为四川省峨眉山市。该鸡体型较大，体态浑圆，全身羽毛黑色（图3–20）。该鸡抗病力、适应性强，产肉性能好，肉质鲜美。种母鸡年产蛋量120个，平均蛋重54克，母鸡186日龄开产，种蛋受精率89.6%，受精蛋孵化率82.1%，母鸡的就巢性强。公、母鸡平均初生重38克，6月龄公、母鸡体重分别为2 643克、公、母鸡半净膛率分别为80.25%、70.96%。

图3–20 峨眉黑鸡

（4）旧院黑鸡 因主产于四川省万源市旧院镇而得名，是一个肉蛋兼用型品种。该鸡个体较大，体型呈长方形，皮肤有白色和乌色两种（图3–21）。该鸡具有早期生长速度快、出肉率高、蛋大、耐粗、耐寒等特点。种母鸡年产蛋量100个，平均蛋重54.6

图3–21 旧院黑鸡

克，母鸡144日龄开产，种蛋受精率84.9%～94.1%，受精蛋孵化率93.3%，母鸡的就巢率73%。成年公、母鸡体重分别为2 610克、1 760克。成年公、母鸡全净膛率分别为79.7%、67.0%。

（5）四川山地乌骨鸡　原产地为四川的兴文、沐川等县。该鸡体型较大，羽毛以黑色为主（图3–22）。该鸡具有生长速度快、肉质好、肉用价值高等特点。种母鸡年产蛋量140～150个，平均蛋重53克，母鸡165～180日龄开产，种蛋受精率91.6%，受精蛋孵化率85.2%，母鸡的就巢率非常低。成年公鸡体重为2.3～3.7千克，成年母鸡体重为2.0～2.6千克。成年公、母鸡全净膛率分别为73.6%、70.2%。

图3–22　四川山地乌骨鸡

（6）乌蒙乌骨鸡　主产于云贵高原黔西北部乌蒙山区的毕节市和织金、纳雍、大方、水城等地，是贵州省的药肉兼用型鸡种。该鸡体型中等，羽色以黑麻色、黄麻色为主，少数白色、黄色和灰色（图3–23）。乌蒙乌骨鸡最大特点是富含锌、硒等微量元素，是中国鸡种中难得的珍品。种母鸡平均年产蛋量115个，平均蛋重

图3–23　乌蒙乌骨鸡

42.5克，母鸡平均161日龄开产，种蛋受精率96%，受精蛋孵化率74%，母鸡就巢性强。成年公、母鸡体重分别为1.87千克、1.51千克。成年公、母鸡平均半净膛率分别为77.90%、78.48%：平均全净膛率分别为67.96%、68.99%。

（7）高脚鸡 主产于贵州省普定县，少量产于浙江苍南地区，属肉用型品种。该鸡体型较大，骨骼粗壮。公鸡全身羽毛红黄色，腹羽、翅羽黑色，尾羽墨绿色且带有光泽，母鸡羽毛多为麻黄色和黑褐色（图3-24）。该鸡具有产肉多、后期脂肪沉积能力强、肉质较好等特点。但该品种早期生长发育缓慢、产蛋少。母鸡平均开产日龄240天，平均年产蛋量55个，平均蛋重48克，蛋壳浅褐色。公、母鸡配种比例1:（6 ~ 8），平均种蛋受精率70%，平均受精蛋孵化率70%。商品仔鸡平均初生重37克，成年公、母鸡体重分别为2.40千克、1.90千克。成年公、母鸡半净膛率分别为83.06%、78.57%，全净膛率分别为70.90%、66.03%。

图3-24 高脚鸡

（8）矮脚鸡 主产于贵州省兴义市，属蛋肉兼用型品种。该鸡体型较大，骨骼粗壮。该鸡体躯匀称，胫短，体呈匍匐状，羽色主要有黄羽、麻羽和黑羽（图3-25）。该鸡肉嫩味鲜、适应性强、抗潮湿。母鸡150 ~ 180日龄开产，年产蛋量120 ~ 150个，蛋重47 ~ 52克。公、母鸡配种比例1:（10 ~ 12），平均种蛋受精率为91%，平均受精蛋孵化率为81%，母鸡就巢率较低。商品仔鸡平均初生重30.2克，成年公、母鸡体重分别为1.91千克、1.39千克。成年公、母鸡半净膛率分别为78.1%、74.7%，全净膛率分别为65.1%、60.1%。

图3-25　矮脚鸡

（9）长顺绿壳蛋鸡　因产地地处贵州省长顺县而得名，是中国稀有的珍禽品种。该鸡体型紧凑，结构匀称（图3-26）。公鸡颈羽呈鲜红色、鞍羽赤红，背羽、腹羽红黑相间，主翼羽、尾羽墨绿而有光泽；母鸡羽色以黄麻色居多，有少量黑麻羽和白羽。该鸡觅食力强、耐粗饲、抗逆性强、肉质好。母鸡165 ~ 195日龄开产，年产蛋量120 ~ 150个，平均蛋重51.8克，蛋壳绿色居多，种蛋受精率90% ~ 95%，受精蛋孵化率86% ~ 94%，母鸡就巢性强。成年公、母鸡平均体重分别为1.85千克、1.71千克。公、母鸡屠宰率分别为89.82%、92.80%，半净膛率分别为79.85%、79.81%，全净膛率分别为60.60%、61.34%。

图3-26　长顺绿壳蛋鸡

（10）竹乡鸡　是贵州省著名的地方家禽品种之一，产于贵州北部“楠竹之乡”赤水市，属于乌骨鸡系列（图3-27）。该鸡具有耐热、蛋品质好、储脂能力强、肉质鲜嫩等特点。母鸡180 ~ 210日龄开产，年产蛋量100 ~ 150个，蛋重54克，蛋壳以浅褐色为主。成年公、母鸡体重分别为2.30千克、2.10千克，半净膛率分别为80.2%、82.6%，全净膛率分别为68.8%、73.2%。

图3-27　竹乡鸡

（11）**茶花鸡**　因雄鸡啼声似“茶花两朵”而得名。茶花鸡主产于云南省德宏、西双版纳等地区。该鸡体型较小，近似船形（图3-28）。公鸡羽毛除翼羽、尾羽、镰羽为黑色或黑色镶边以外，其余呈红色；母鸡羽毛以黄麻、黑麻、灰麻、棕色为主。该鸡性情活泼，好斗性强。母鸡140 ~ 160日龄开产，年产蛋量70 ~ 130个，蛋重37 ~ 41克，种蛋受精率84% ~ 88%，受精蛋孵化率84% ~ 92%。成年公、母鸡体重分别为1.51千克、1.26千克，半净膛率分别为83.3%、78.4%，全净膛率分别为70.7%、63.7%。

图3-28　茶花鸡

（12）**独龙鸡**　因其是独龙族所养而得名。独龙鸡体型小而紧凑，羽毛颜色较杂（图3-29），原产地和中心产区为云南省贡山县独龙江乡。独龙鸡具有觅食力强、抗病力强、肉质鲜美等特点。母鸡开产日龄210 ~ 240天，年产蛋量55 ~ 75个，平均蛋重42.5克，种蛋受精率和受精蛋孵化率都为85% ~ 90%，母鸡就巢率约80%。商品代仔鸡初生重34克左右，成年公、母鸡体重分别为0.97千克、1.16千克，屠宰率分别为89.9%、90.7%，全净膛率分别为66.7%、65%。

图3-29　独龙鸡

（13）兰坪绒毛鸡　因全身羽毛为绒毛以及产区（云南省兰坪县）而得名，兰坪绒毛鸡为集肉用型、药用型、观赏型于一体的地方特色品种，毛色以麻青色和麻黄色居多（图3-30）。兰坪绒毛鸡具有肉质好、适应性强、耐粗饲等特点。母鸡平均开产日龄170～180天，年产蛋量80～100个，开产蛋重51克，种蛋受精率85%，受精蛋孵化率90%，母鸡就巢性强。商品代仔鸡初生重23.5克，成年公、母鸡体重分别为2.35千克、1.60千克，屠宰率分别为93.2%、92.5%，全净膛率分别为72.9%、69.9%。

图3-30　兰坪绒毛鸡

（14）瓢鸡　俗称闭毛鸡，原产地为云南省镇沅县，因无尾椎骨、尾棕骨、尾羽、镰羽、尾脂腺，尾部形状似瓢而得名。瓢鸡体型小而紧凑，尾部羽毛下垂，臀部丰腴圆滑，形似葫芦瓢。羽毛有黑麻花、黄麻花、黑白花、全黑、全白、灰白等色（图

3–31)。该鸡性情温顺、适应性强、易肥、产肉性能好。母鸡开产日龄为160 ~ 190天，年产蛋量100 ~ 130个，平均蛋重52克，自然交配条件下，种蛋受精率60% ~ 80%，受精蛋孵化率80%左右，母鸡就巢性较强。成年公、母鸡体重分别为2.08千克、1.68千克，半净膛率分别为82.3%、79.0%，全净膛率分别为72.3%、65.1%。

图3–31 瓢 鸡

（15）腾冲雪鸡 因其羽毛雪白而得名，属肉、药两用型鸡种。主产区和中心产区为云南省保山市腾冲县。体型中等，结实紧凑，全身扁羽，羽色雪白无斑（图3–32)。该鸡适应性强、耐粗饲、抗病力强、肉质鲜美。母鸡150日龄左右开产，年产蛋量110 ~ 150个，蛋重42克，蛋壳呈浅褐色，母鸡就巢性强。成年公、母鸡体重分别为1.85千克、1.55千克，半净膛率分别为78%、81%，全净膛率分别为65%、67%。

图3–32 腾冲雪鸡

80.怎样选择引进肉鸡品种?

饲养什么样的肉鸡品种，应该根据当地的消费特点、经济情况、环境特点，并结合品种特性和屠宰要求进行选择。

（1）符合消费者对鸡肉的消费特点　品种的选择应该根据当地肉鸡消费的情况，即什么品种好卖就选什么品种。若当地有肉鸡加工企业或者大型的肉鸡养殖公司，就可以选择如艾维茵肉鸡和AA肉鸡等类的快大型肉鸡，或选择“公司+农户”或肉鸡养殖合作社的肉鸡；若当地对土鸡的需求较大，则可以选择我国的地方品种。总之，肉鸡的生产应该符合市场的需求，养殖者的经济效益才有保障。

（2）适应当地生产环境　选择品种时要对该品种适合的饲养地区、饲养方式、气候和环境条件进行全面的了解并与饲养地进行比较，考虑两者是否有很大差异，以及能否为引入的品种提供适宜的环境条件，从中选择符合自身条件、适于当地饲养的优良品种。

（3）生产性能高而稳定　高生产性能是养殖企业获得利润的保证。目前我国黄羽肉鸡行业法规尚不健全，父母代种鸡市场鱼目混珠，各品种质量良莠不齐，引种时必须以质论价，选择优质、高产、性能稳定的品种。

（4）抗病能力强　选种时选择体质健康、发育正常、抗病力强、无遗传疾病的品种。特别是在饲养环境较差的地方，抗病力强才能保证鸡群正常的生产和生活。

81.怎样选择供种单位?

一般情况下，好的供种单位不仅有自身的品牌，能够提供优秀的品种，还可提供先进的饲养管理技术指导及完善的售后服务。所以，选种时要考察供种单位，应对其技术背景、市场占有率、生产规模、资金实力等做全面考察。

（1）完善的育种体系　一个品种或配套系的育成，首先要有丰富的育种素材来培育出遗传性能稳定的专门化品系，还要进行品系之间杂交测试以初步筛选出符合要求的配套组合，然后进行小规模中试，根据客户反馈的意见不断进行改善，完全符合大市场需求，性能稳定后才能够推广，这是一个循环渐进累积的过程。

（2）雄厚的技术力量 供种单位要拥有一支科学齐全、研发力量雄厚的专业团队，种鸡生产不仅需要提供优良的品种，而且需要经营管理、动物营养、动物医学等各方面的技术支持，只有这样才能培育出生产性能卓越的品种。

（3）较高的市场占有率 具有一定的市场占有率和良好的市场口碑，这是一个品种（配套系）被市场认可的表现，也是供种单位实力和知名度的体现。

（4）优质的售后服务 种鸡生产无论在饲养管理还是疾病防疫方面都需要有一个反应及时的技术服务队伍，及时妥善解决饲养过程出现的任何问题，避免出现不应有的损失。

82.肉种鸡引种时需要遵循哪些原则？

（1）外貌特征符合品种特点 引种时应该选择外貌特征与本品种特征相符的肉鸡品种。留种时，应该把精神状态好、采食性强、眼大有神、额宽喙短、胸宽深、背平宽、龙骨笔直、腹大柔软、羽毛光洁、体重适中的鸡留作种用。

（2）系谱清晰 由鸡场提供的系谱档案应该清晰。选择的种鸡不仅要求本身性能优良，而且亲代的性能也要优良，因此了解所选种鸡的亲代情况是很有必要的。若鸡场提供的系谱清晰，就可直接对系谱进行分析，了解每只鸡详细的家系遗传情况和繁殖特性，以供选种时参考。

（3）后裔的综合性能较好 选种时不仅要考虑父母代以及亲代的生产性能，还要考虑后裔的综合性能，如后裔仔鸡的生长速度、生活力和抗病力等生产性能及就巢性、孵化率和受精率等繁殖性能。

83. 肉鸡引种时需要注意哪些事项?

(1)实行多次引种 对于特征不了解的品种，首次引进的数量应尽量少些，引种后观察1～2个生产周期，证实其适应性强、生产性能良好和引种效果良好时，再增加引种数量，逐步扩大规模。

(2)做好引种前各项准备 引种前要根据引入地饲养条件和引入品种生产要求准备鸡舍和饲养设备，做好清洗、消毒，备足饲料和常用药物等，培训饲养和技术人员，使其掌握饲喂、免疫、用药、人工授精等技术。

(3)减少中间环节 为了确保引种质量，养殖企业应尽量减少通过中间商或中介机构代理引种，最好能直接与供种单位联系购买，并且在引种前与供种单位签订相应的书面合同或协议，包括品种、数量、价格、提货时间、交货地点、付款方式和配套服务等。

(4)选择引种季节 最好在引种地和饲养地气候差异较小的季节进行引种，以便引入品种能逐渐适应气候的变化。一般从寒冷地区向温热地区引种以秋季为好，从温热地区向寒冷地区引种则以春末夏初为宜。

(5)严格检验检疫 引种时必须符合国家法律法规规定的检疫要求，认真检疫，办齐一切检疫手续。严禁进入疫区引种，引入品种必须单独隔离饲养，经观察确认无病后方可入场。有条件的可对引入品种及时地进行重要疫病的检测，发现问题及时处理，减少引种损失。

(6)注意引种过程安全 搞好引种运输组织安排，选择合理的运输途径、运输工具和装载物品，夏季引种尽量选择在傍晚或清晨凉爽时运输，冬春季节尽量安排在中午风和日丽时运输。尽量缩短运输时间，减少中途损失，长途运输时应加强中途检查，尤其注意过热或过冷和通风等环节。

(7)制订严密的生产计划 品种引入后，马上开始进入生产周期，此时需要制订严密的生产计划。根据自身实际情况考虑饲养单一品种还是多品种、饲养笼位的安排、饲料及疫苗的供应、下批种鸡的引进等问题，以保证生产的连续性。

第二节 品种选育及新品种培育

84.怎样确定肉鸡育种方向和育种目标?

育种工作要达到的目的是使产品能够适应市场的需求，在激烈的竞争中具有优势，能够使鸡的生产获得最大经济效益，育种者获得较高的回报率，因此正确的育种方向和育种目标十分重要。如果育种方向和育种目标确定不当，会造成产品无市场，遗传进展缓慢，在产品竞争中处于劣势，那么育种工作等于无用功。确立正确的育种方向，需要了解当前和今后一段时间内的市场需求。而合理育种目标的确立，则需要了解育种群的现状和潜力，以及竞争对手的产品性能。

白羽肉鸡的主要育种目标是提高鸡只的产品产量、生产效率及改善产品品质。主要选择指标有体型、生长速度、成活率、饲料转化率、产肉量、肉品质、产蛋量、受精率、孵化率、蛋品质等指标。肉鸡业早期时，对母鸡进行产蛋选择后，留下的兼用型杂交公鸡用于肉鸡生产。兼用型肉鸡产肉性能远不及专用肉鸡品种。现在的肉鸡业，父系主要来自于科尼什，母系主要来自于白洛克，通过系统配种产生杂种优势。肉鸡父系通常为显性白羽，主要选择生长速度、肉质性状和快羽性状；母系主要选择生长速度、孵化率及产蛋性能。纯系是育种公司用不同的品种合成后，再根据市场需求进行选育。其特点在于生长速度快、遗传力高、易度量、对生产效益影响大和胸肉产量经济价值高等。

85.什么是专门化品系?

专门化品系的概念是1964年由英国Smith提出的。专门化品系是指生产性能“专门化”的品系，是按育种目标进行分化选育而成的，每个品系分别具有某方面的突出优点，不同的品系在整个繁育体系内，承担着专门的任务。如在肉鸡育种中要使鸡的生长速度、饲料报酬（料肉比）、屠宰性能、生活力、产蛋率、受精率、孵化率等性状都很好地集中在同一品种内是不切合实际的。但是，集中力量培育只有一两个性状突出，而其他性状一般的专门化品系是可行的。外种鸡生长速度快、饲料利用率高的特性就是利用这个原理进行专门化品系培育而成。

86. 为什么要培育专门化品系？

（1）提高生产效率　品系的规模比品种要小得多，所以培育出品系需要的时间更短，可以提高生产效率。

（2）提高选种效率　培育专门化品系的遗传进展速度比培育通用品系快，特别是两个专门化品系选育的性状呈负相关时，选育进展更快，选种效率更高。

（3）品系间杂交效果更好　品系某些基因位点的纯度较品种大，且品系之间各具特点，品系间杂交后把优点结合到商品代上，后代既能保持优良基因的加性效应也能获得杂种优势，所以品系间杂交的效果比品种更好。

（4）商品鸡一致性好　相比品种而言，品系内的遗传变异小，品系间杂交所得的商品鸡一致性较好。

（5）适应市场变化　只保持几个具有明显遗传差异的专门化品系，能有效地应付市场需求的变化。

87. 肉鸡专门化品系的培育方法有哪些？

专门化品系的培育主要有三种方法，即系祖建系法、闭锁继代选育法和正反交反复选择法。

（1）系祖建系法　选择和培育系祖及后代，利用它们进行近交或同质选配，以扩大高产基因频率，并巩固优良性状，使之变为群体特点的过程。

（2）**闭锁继代选育法** 从基础群开始，然后闭锁群体，根据育种目标，在这闭锁的群体内，逐代进行相应的选种选配，以培育出符合预定目标的遗传性能稳定的群体。

（3）**正反交反复选择法** 将两个基因复杂的基础群，按其正反交成绩进行评定，产生最佳杂交效果的个体留下，然后进行纯种繁育，纯种繁育后再进行正反杂交，如此循环进行。

88. 系祖建系法是如何操作的?

首先选择突出的优秀个体作为系祖，然后选择与系祖没有亲缘关系的母鸡与之进行同质选配，再进行扩群繁育。每一代培育都应严格进行选配，采用同质选配。若选配效果良好，则可不用近交。一二代应尽量避免近交，从第三代开始才围绕系祖进行中亲交配。为了提高效率，也可采用较高程度的近交，必要时也可利用系祖进行回交，直到出现近交衰退为止。

89. 闭锁继代选育法是如何操作的?

首先要明确建系目标，即具体应培育多少个专门化品系，哪一个作父系，哪一个作母系，各自应选择什么经济性状；然后组建基础群，基础群应选择质量好、遗传基础广、规模适中的群体；最后进行闭锁繁育，一旦闭群，就不能再引入新的基因。在专门化品系建系过程中，要根据育种目标严格选留，并从第三世代开始进行配合力测定。

90. 正反交反复选择法是如何操作的?

首先组建两个基础群即两系，每个系着重选择不同的性状，并且这两系应具有杂种优势；其次，把两系的公鸡和母鸡分为正反两个杂交组，进行杂交组合试验；然后根据正反杂交结果（即F_1代的性能鉴定亲本），将最好的亲本组合选留下来，其余的亲本及后代全部淘汰；再将选留下来的亲本个体分别进行纯繁，产生下一代亲本；再将前面纯繁出来的畜群选出来，再按上述步骤反复进行下去，直到形成两个新的专门化品系。

91. 肉鸡选育哪些性状？育种进展如何？

（1）肉鸡的选育性状 肉鸡的选育性状主要分为肉仔鸡性状和种鸡性状两大类。

①肉仔鸡性状：主要有早期增重速度（体重）、产肉率、饲料利用率、死淘率、腹脂、腿部结实度和趾形、龙骨曲直、冠形、羽毛颜色和覆盖程度、胸肉发育偏正、皮肤颜色、胸角度、胸囊肿和腹水、其他缺陷。对于缺陷症状，选种时一经发现，立即淘汰。

②种鸡性状：主要有产蛋数、蛋重、开产日龄、蛋品质、受精率、孵化率、死亡率。

（2）育种进展 根据一些育种公司的经验，肉鸡育种每年可获得遗传进展为：体重+50克、分割肉产量+0.18%、料肉比−0.02、入舍产蛋数+1.5，成活率、受精率、孵化率等不降低或略有改进。

92. 什么是经济性状的遗传力？有什么作用？

遗传力又称遗传率，指遗传方差在总方差（表型方差）中所占的比值，可以作为杂种后代进行选择的一个指标。遗传力分为广义遗传力和狭义遗传力。数量性状受到环境因素的影响很大，那么表型的变异可能有遗传的因素，也有环境的因素，甚至还有环境和遗传相互作用的因素。家禽各种数量性状的差异都受遗传和环境（包括饲养管理）的共同作用。某数量性状的遗传力高，说明其变异受遗传因素的作用大，遗传力低其变异受环境影响大。

了解鸡的各种数量性状的遗传力（表3-2），可以帮助掌握各种数量性状的遗传情况，进一步针对不同性状采取不同的选种方法，提高育种工作的效果。例如，体重、蛋重遗传力较高，根据个体表现选种，就能得到较好的效果，改良的速度也快。相反，产蛋量、受精率、孵化率和成活率等遗传力低，单纯根据家禽本身的生产性能即个体选择就不太可靠，需要根据家系的表现进行较长时间的选种才有效。

表3-2 家禽主要数量性状的遗传力

性状	遗传力	性状	遗传力
肉仔鸡8周龄体重	0.45	体深	0.25
成年鸡体重	0.55	种蛋受精率	0.05
产蛋量	0.26	受精蛋孵化率	0.15
雏鸡成活率	0.05	蛋壳厚度	0.25
成年鸡成活率	0.10	蛋形	0.40
蛋重	0.55	蛋白质量	0.25
初产日龄	0.25	血斑	0.15
胸骨长	0.20	胸肉率	0.30

93. 父系选育的特点是什么?

父系选育主要以肉用性状为主，如增重速度、饲料转化率、产肉量、腹脂等。在商业育种中，父系育种方案与母系育种方案不完全相同，父系普遍采用世代重叠的育种方案，即循环育种。这种方案世代间隔可以很短（32 ~ 33周），因此育种进程快。另外，采用这种育种方案每一世代能使用公鸡数较多，有利于避免近交。提高父系公鸡受精力，是育种的重要工作之一，这种方案比较容易对受精持续性进行选择。通常对父系产蛋性能不进行选择，但客户最终不能忍受产蛋量一味的下降，因此现在普遍的做法是，对父系产蛋性能也进行测定和选择，另外对蛋型也要选择，因为它们直接影响种蛋的孵化率和破损率，这类性状遗传力高，个体选择效果好，可在系谱集蛋阶段进行评价和选择。

94. 母系选育的特点是什么？

母系选育要兼顾产肉和产蛋性能，因此在某种程度上，肉鸡育种比蛋鸡育种更具挑战性。肉鸡育种涉及的性状多，并且某些重要性状之间还存在负的遗传相关，如产肉性能和产蛋性能之间的负相关严重地阻碍了育种的进展。母系选育的重点之一是产蛋性能，所以其世代间隔较长，一般在52～56周（与蛋鸡类似），显然比父系世代间隔长，也为后裔测定提供了机会。

95. 什么是配合力？

配合力指一个亲本材料在由它产生的杂种一代或后代性状表现中所起相对作用大小的度量。亲本的配合力并不是自身的表现，而是与其他亲本结合后，在杂种后代中体现的相对作用。育种中配合力常以子一代的生产性能作为度量的依据。不同品系杂交，产生的杂交优势不同。杂交优势强弱取决于双亲的配合力，所以需要进行配合力测定，以及通过测定杂交后代生产性能来评定父母双亲的配合力。

96. 常用配合力测定方式有哪些？

配合力可分为两种，即一般配合力和特殊配合力。一般配合力主要来自加性遗传方差，特殊配合力则来自非加性遗传方差。作为杂交的亲本，主要追求的是特殊配合力，具有特殊配合力的组合，其品系间的杂种优势最强。某系的一般配合力即为与各系正反杂交组合的平均值，例如A系的一般配合力即 $GCA(A)=(A\times B+B\times A+A\times C+C\times A)/4$。某系的特殊配合力为某二系的杂交成绩减去两系一般配合力的均值，即 $SCA(A\times B)=A\times B-[GCA(A)+GCA(B)]/2$。

双列杂交法按 $n(n-1)$ 的排列组合设计，所有的品系均能有机会组合起来，由此可以测出反映加性遗传方差的一般配合力和反映非加性遗传方差的特殊配合力。这种配合力测定和杂交组合筛选方法从理论上讲是最完善的，但需要观测的组合太多，人力、物力花费太大，往往做不到。实践中可根据品系的特点，有意识地组合一些品系进行配合力测定，也可选出较好的配套系。

97. 怎样进行品系配套和扩繁？

肉鸡可以是两系配套、三系配套或四系配套，以三系配套较多，占目前肉鸡配套的一半以上。三系配套父系是一个系，母系是两个系。一般品系的配套满足制种需要的比例即可，但是引进的数量比计划饲养的数量要有所富余，尤其是父系公鸡，易发生胸、腿疾患，如胸骨弯曲、腿软、趾曲或关节肿大等，需要从体型上严格选择，以保持较高的受精率和优异的肉用性能。以肉鸡四系配套，至25周龄时如欲养1 000套祖代鸡（即D母鸡1 000只），各系的比例及各次选留率参见表3–3。

表3-3　肉鸡四系配套选留比例

日龄或周龄	A♂	B♀	C♂	D♀
1日龄	184	400	530	1 230
5周龄	46（25%）	320（80%）	159（30%）	1 110（90.2%）
25周龄	32（70%）	272（85%）	112（70%）	999（90%）

父母代鸡场引进种鸡时，公、母鸡比例以1:（6 ~ 7）为宜；育成过程中，公鸡据体型外貌和发育情况要淘汰一些，转群配种时保持1:（8 ~ 9）的公、母鸡比例。

98. 什么是肉鸡的繁育体系？为什么要建立繁育体系？

现代商品鸡的培育过程，就是商品杂交鸡繁育体系的基本内容（图3–33）。繁育体系包括育种和制种两部分，育种部分由品种资源场、育种场、配合力测定站和原种场组成，主要任务是育种素材的收集和保存，纯系培育，杂交组合测定，品系配套的扩繁。制种部分由祖代鸡场、父母代鸡场、孵化场组成，承担两次杂交制种任务，为商品代鸡场供应大量的商品杂交鸡。建立肉鸡繁育体系有以下几点好处：

①全国只建极少数育种场，可以集中投资，较好较快地育成和不断改良配套品系。

②广大商品鸡场和专业户无需进行任何育种工作，而能饲养现代最优秀的配套品系生产的商品杂交鸡，从而普遍提高鸡的产蛋和产肉性能，节省饲料消耗。

③有些条件较好的鸡场，可承担祖代或父母代种鸡场的任务，但不必自成体系，既搞生产又搞育种，广大鸡场可不再自繁种鸡、自家孵化，可以有效利用房舍设备，就全国范围来说，可节省大量人力、物力和财力。

④可减少许多疾病传染，育种鸡场可培育无特定疾病的清净群，只要严格控制少数祖代场和父母代场的种鸡群和孵化场的防疫卫生工作，如白痢、沙门氏杆菌病、鸡支原体病等流行较广的一些疾病，可以控制到最低防疫限度。

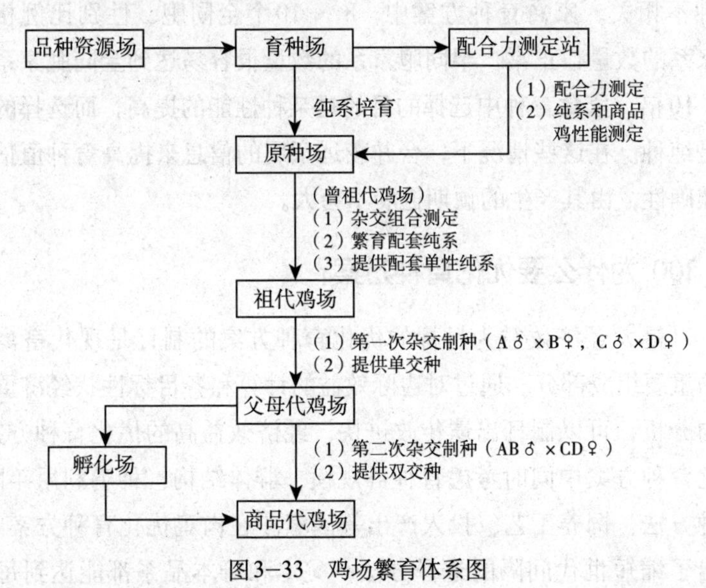

图3-33 鸡场繁育体系图

第三节　育种的新技术及其研究进展

99.什么是育种值估计方法——最佳线性无偏预测(BLUP)法?

L.N.赫兹（Hazel L.N.）发现的选择指数理论是育种值估计的较好方法，目前仍在大多数家禽育种方案中应用。毫无疑问，选择指数的有效应用对获得迅速的遗传进展具有巨大影响。但是，选择指数可能导致育种值估计出现偏差，而遗传选择成效不大，尤其是在下列情形之下：一是选择在遗传结构不同的几个群体之间；二是选择在不同世代的个体之间；三是有关育种值和血缘关系的交配不是随机的。

享德森（Henderson）发展起来的最佳线性无偏预测法（BLUP）可解决这个问题，但BLUP法在奶牛育种中应用的特殊环境与家禽育种不相关。家禽育种方案中，8～10个全同胞、性别比例相等的家系的数量很正常，半同胞家系的数量很容易达到全同胞家系的5～10倍，家禽育种中选择的目的是杂种性能的提高，而选择的对象是纯种。在这些情况下，合并较远亲属的信息来提高育种值估计的准确性，由其产生的预期进展不会大。

100.为什么要优化育种方案?

以最大经济效益为目标的优化育种方案的制订是现代畜禽育种的重要组成部分。通过对边际效益的计算和各目标性状经济重要性的分析，可以制订出遗传改进快、经济效益高的优化育种方案。优化育种方案中同时考虑育种群规模、群体结构、种鸡利用年限、选种方法、饲养工艺、投入产出等因素。在肉鸡优化育种方案中，提出了缩短世代间隔的选择方法，父本和母本品系都能达到每年

1～3个世代。

101.现代分子育种技术是肉鸡选育的未来发展方向吗？

在基因水平上开展遗传资源开发利用无疑是快速、科学的方法。国内已广泛地将微卫星标记用于家禽品种的遗传结构和亲缘关系以及部分地方鸡品种的遗传多样性的研究。国外则主要将微卫星标记用于对鸡品种间遗传关系及起源的研究，家禽品种（系）的遗传变异和遗传距离的估计，家鸡和原鸡群体的遗传检测等。数量性状基因座（QTL）定位、标记辅助选择（MAS）等将有助于在分子水平上揭示种质特性和遗传结构，从而大大提高地方鸡品种在优质鸡育种上应用的效率。

第四章 肉鸡营养需要与日粮配制

第一节 肉鸡营养需要

102.肉鸡生长需要哪些营养物质?

肉鸡需要的营养物质主要分为六大类：糖类、脂肪、蛋白质、水分、矿物质及维生素。

（1）糖类 糖类是供给肉鸡数量最大的营养物质。

（2）脂肪 脂肪是供给能量和体内储存能量的最好形式，也是体内组织和产品的重要成分，如肌肉、骨骼、血液、皮肤和蛋黄等都含有脂肪。

（3）蛋白质 蛋白质是一切生命活动的物质基础。肉鸡机体的羽毛、皮肤、骨骼、血液、神经、肌肉、蛋等的构成都是以蛋白质为基本，组成生命活动所必需的各种酶、抗体、激素、色素都是由蛋白质合成的，蛋白质是细胞核的主要成分。

（4）水分 水分是肉鸡各组织器官的重要组成成分，是生理活动的重要基础，它对其他营养物质的消化、吸收、代谢、运输、排泄和血液循环及体温调节均起着重要的作用。

（5）矿物质 矿物质是构成肉鸡骨骼、蛋壳的重要成分。肌肉、羽毛的生长，维生素、酶、激素的组成也离不开矿物质。矿物质还参与机体新陈代谢、渗透压的调节、酸碱平衡的维持、消化液的分泌、神经系统的调节等。

（6）**维生素**　维生素既不是能量来源，也不是构成机体的成分，但对肉鸡是非常重要的营养物质，对鸡的生长发育起着很大的作用。因为动物体内不能合成维生素，只能通过饲料摄取。

103. 肉鸡的饲料营养需要量标准是什么?

肉鸡的营养需要是指肉鸡在最适宜环境条件下，正常、健康生长或达到理想生产成绩对各种营养物质种类和数量的最低要求。肉鸡的营养需要量分别按白羽肉鸡和黄羽肉鸡给出，其中白羽肉鸡的营养需要可参考美国NRC（1994）；表4–1和表4–2列出了黄羽肉鸡仔鸡和种鸡的营养需要，此处的黄羽肉鸡主要是指《中国家禽品种志》及各省（直辖市、自治区）畜禽品种志所列的地方鸡品种，以及有这些地方鸡血缘的培育品系、配套系等鸡种。

表4-1　黄羽肉鸡仔鸡营养需要

营养指标	公鸡0 ~ 4周龄	公鸡4 ~ 5周龄	公鸡>5周龄
	母鸡0 ~ 4周龄	母鸡5 ~ 8周龄	母鸡>8周龄
代谢能（兆焦/千克）	12.12	12.54	12.96
粗蛋白质（%）	21.00	19.00	16.00
赖氨酸能量比（克/兆焦）	0.87	0.78	0.66
蛋白能量比（克/兆焦）	17.33	15.15	12.34
赖氨酸（%）	1.05	0.98	0.85
蛋氨酸（%）	0.46	0.40	0.34
蛋氨酸+胱氨酸（%）	0.85	0.72	0.65
苏氨酸（%）	0.76	0.74	0.68
钙（%）	1.00	0.90	0.80
总磷（%）	0.68	0.65	0.60
非植酸磷（%）	0.45	0.40	0.35

（续）

营养指标	公鸡0 ～ 4周龄	公鸡4 ～ 5周龄	公鸡>5周龄
	母鸡0 ～ 4周龄	母鸡5 ～ 8周龄	母鸡>8周龄
钠（%）	0.15	0.15	0.15
氯（%）	0.15	0.15	0.15
铁（毫克/千克）	80	80	80
铜（毫克/千克）	8	8	8
锰（毫克/千克）	80	80	80
锌（毫克/千克）	60	60	60
碘（毫克/千克）	0.35	0.35	0.35
硒（毫克/千克）	0.15	0.15	0.15
亚油酸（%）	1	1	1
维生素A（国际单位/千克）	5 000	5 000	5 000
维生素D（国际单位/千克）	1 000	1 000	1 000
维生素E（国际单位/千克）	10	10	10
维生素K（毫克/千克）	0.50	0.50	0.50
硫胺素（毫克/千克）	1.80	1.80	1.80
核黄素（毫克/千克）	3.60	3.60	3.60
泛酸（毫克/千克）	10	10	10
烟酸（毫克/千克）	35	35	25
吡哆醇（毫克/千克）	3.5	3.5	3.0
生物素（毫克/千克）	0.15	0.15	0.15
叶酸（毫克/千克）	0.55	0.55	0.55
维生素B_{12}（毫克/千克）	0.010	0.010	0.010
胆碱（毫克/千克）	1 000	750	500

表4-2　黄羽肉鸡种鸡营养需要

营养指标	0～6周龄	7～18周龄	19周龄至开产	产蛋期
代谢能（兆焦/千克）	12.12	11.70	11.50	11.50
粗蛋白质（%）	20.0	15.0	16.0	16.0
赖氨酸能量比（克/兆焦）	16.50	12.82	13.91	13.91
蛋白能量比（克/兆焦）	0.74	0.56	0.70	0.70
赖氨酸（%）	0.90	0.75	0.80	0.80
蛋氨酸（%）	0.38	0.29	0.37	0.40
蛋氨酸+胱氨酸（%）	0.69	0.61	0.69	0.80
苏氨酸（%）	0.58	0.52	0.55	0.56
钙（%）	0.90	0.90	2.00	3.00
总磷（%）	0.65	0.61	0.63	0.65
非植酸磷（%）	0.40	0.36	0.38	0.41
钠（%）	0.16	0.16	0.16	0.16
氯（%）	0.16	0.16	0.16	0.16
铁（毫克/千克）	54	54	72	72
铜（毫克/千克）	5.4	5.4	7.0	7.0
锰（毫克/千克）	72	72	90	90
锌（毫克/千克）	54	54	72	72
碘（毫克/千克）	0.60	0.60	0.90	0.90
硒（毫克/千克）	0.27	0.27	0.27	0.27
亚油酸（%）	1	1	1	1
维生素A（国际单位/千克）	7 200	5 400	7 200	10 800
维生素D（国际单位/千克）	1 440	1 018	1 620	2 160
维生素E（国际单位/千克）	18	9	9	27
维生素K（毫克/千克）	1.4	1.4	1.4	1.4

（续）

营养指标	0～6周龄	7～18周龄	19周龄至开产	产蛋期
硫胺素（毫克/千克）	1.6	1.4	1.4	1.8
核黄素（毫克/千克）	7	5	5	8
泛酸（毫克/千克）	11	9	9	11
烟酸（毫克/千克）	27	18	18	32
吡哆醇（毫克/千克）	2.7	2.7	2.7	4.1
生物素（毫克/千克）	0.14	0.09	0.09	0.18
叶酸（毫克/千克）	0.90	0.45	0.45	1.08
维生素B_{12}（毫克/千克）	0.009	0.005	0.007	0.010
胆碱（毫克/千克）	1 170	810	450	450

第二节　常用饲料

104.肉鸡常用饲料原料有哪些？

肉鸡常用饲料有百余种，根据其提供主要营养成分的功能可分为以下几类。

（1）能量饲料　含有丰富的糖类，尤其是淀粉（如玉米，糠麸，淀粉质的块根、块茎）、脂肪性饲料等。

（2）蛋白质饲料　分为动物性蛋白质饲料和植物性蛋白质饲料。如鱼粉、虫类、豆类等。

（3）矿物质饲料　常用的矿物质饲料有骨粉、石粉、贝壳粉等。

（4）青绿饲料　夏、秋季节较多，冬季除供给胡萝卜外，可用干草代替。

（5）添加剂饲料　包括多种维生素、微量元素、氨基酸、抗生素、驱虫剂等。

105.肉鸡饲料有哪些添加剂品种?

饲料添加剂是指配合饲料中加入的各种微量物质，这些微量物质是维持肉鸡高生长率而一般饲料中又易缺乏的物质。这些添加剂主要有以下几种。

（1）维生素添加剂　生产中应使用肉鸡专用维生素添加剂，添加量可参照生产厂家使用说明书上的推荐用量，一般为0.02%～0.05%，但应考虑日粮构成、环境条件（气温、饲养方式等）、疾病、运输、转群、注射疫苗等情况，鸡处于这些逆境条件下时维生素的添加量可适当增加（一般增加1倍左右）。

（2）微量元素添加剂　需添加的微量元素有铜、锌、硒、锰等，这些元素常以其盐类作为添加剂，在日粮中添加量较小，一般是0.01%～0.1%，应注意混合均匀，常使用玉米或面粉作为扩散剂。

（3）着色添加剂　此类添加剂的作用是为了满足市场上对优质肉鸡皮肤黄色的需要，在饲料中添加可加深皮肤颜色。常用的有合成的类胡萝卜素，以补充饲料中叶黄素的不足，添加量一般为每吨饲料添加2～10克。由于市场上着色添加剂产品种类较多，养殖户在生产中应密切关注所用的着色添加剂是否对人体有害。

（4）氨基酸添加剂　添加于饲料中的氨基酸，主要是植物性饲料中最缺的必需氨基酸，用作添加剂的主要是人工合成的赖氨酸和蛋氨酸，添加量一般是0.02%～0.05%。

（5）抗氧化剂　优质肉鸡饲料由于含油脂较多，在储存过程中，其中的油脂和脂溶性维生素等会自动氧化，使饲料变质，因此在较长时间储存饲料时，在饲料中添加抗氧化剂是必需的。

（6）防霉剂　防霉剂的作用主要是在高温、潮湿的季节防止饲料发霉变质。

106. 肉鸡饲料有哪些种类?

肉鸡饲料按照功能和营养的平衡程度，分为以下几个种类。

（1）全价配合饲料 又称全价饲料，它是采用科学配方和通过合理加工而得到的营养全面的复合饲料，能满足鸡的各种营养需要，经济效益高，是理想的配合饲料。全价配合饲料可由各种饲料原料加上预混料配制而成，也可由浓缩饲料稀释而成。全价配合饲料在鸡养殖中用得最多。

（2）浓缩饲料 又称平衡用混合饲料和蛋白质补充饲料。它是由蛋白质饲料、矿物质饲料与添加剂预混料按规定要求混合而成的，不能直接用于喂鸡。一般含蛋白质30%以上，应按生产厂家的说明用能量饲料进行稀释喂鸡，用量通常占全价配合饲料的20%～30%。

（3）添加剂预混料 由各种营养性和非营养性添加剂加载体混合而成，是一种饲料半成品。可供生产浓缩饲料和全价饲料使用，其添加量为全价饲料的0.5%～5%。

（4）混合饲料 又称初级配合饲料或基础日粮。由能量饲料、蛋白质饲料、矿物质饲料按一定比例组合而成，它基本上能满足鸡的营养需要，但营养不够全面，只适合农村散养户搭配一定青绿饲料饲喂。

107. 肉鸡配合饲料如何分类?

肉鸡在不同生长阶段所需饲料不同，目前肉仔鸡的专用饲养标准有两段制和三段制，我国肉仔鸡饲养标准按0～4周龄和5周龄以上的两段，以此配成前期料和后期料。国外肉仔鸡饲养标准一般用三段制，如美国NRC饲养标准按0～3周龄、4～6周龄、7～9周龄分为三段。美国爱拔益加公司AA肉仔鸡营养推荐量以0～21天、22～37天、38天至上市分为前期料、中期料和后期料。前期料又称雏鸡料，蛋白质水平要求较高（21%～23%），并含有防病药物；中期料又称生长鸡料，与前期料相比，蛋白质水平降低而能量增加；后期料又称育肥料，蛋白质水平更低，能量水平增加。考虑到最后1周禁止使用药物和快速催肥的需要，也有公司将出售前1周单设一阶段，从而实行四段制饲养。

108.如何正确选购肉鸡饲料?

在规模化肉鸡生产中，一般都会用到全价配合饲料、浓缩饲料及预混饲料，生产者可结合自身实际情况及生产条件，选择适合饲料。以下简要介绍各种饲料的选购。

（1）配合饲料的选购

①根据饲养肉鸡的不同生产目的、不同生产水平和不同发育阶段的营养需要，正确选购合适的配合饲料。

②根据标签，检查是否符合国家规定质量标准，是否在规定保质期内。

③第一次使用某厂家生产的配合饲料时，最好进行饲养试验，根据肉鸡食欲、健康状况、增重及饲料消耗情况对配合料质量做出科学判断。

（2）浓缩料的选购

①选择信誉好的厂家，从正规渠道购进。

②选好规格型号，浓缩料种类很多，不同生产阶段有不同的浓缩料，同一生产阶段又有不同浓度的浓缩料，所以购买时一定要认真阅读说明书，按照说明书要求的比例、品种，适量添加，千万不要弄错。

③使用时浓缩料与谷物料混合一定要充分、均匀。

（3）预混料的选购

①选择质量可靠的厂家。

②选择适当浓度和相应饲养阶段的预混料。使用时要准确计算用量，妥善保存，避免长时间积压造成养分的缺失或全价性的降低。

③配制饲料的时候，一定要混合均匀。

第三节　饲料配方设计

109. 肉鸡饲料的配方原则是什么？

肉鸡生产过程中，养殖户应根据肉鸡在不同生长发育阶段的需求，把各种适宜的饲料原料配合到一起，满足肉鸡生长发育的需要，生产出优质安全的肉鸡产品。在配合肉鸡日粮时，必须掌握好以下10项原则：

（1）主体性原则　首先要满足肉鸡的能量需要，其次为保证蛋白质和必需氨基酸的需要，动物性蛋白质饲料和植物性蛋白质饲料应各占一定比重。在满足能量、蛋白质这两大主体成分的基础上，再适当添加部分粮食加工副产品、矿物质、维生素等添加剂。考虑到饲料原料的来源、价格和营养特点，肉鸡日粮一般以玉米、小麦等能量饲料和豆饼等蛋白质饲料作为主体成分，适当配合氨基酸等添加剂。

（2）多元性原则　在肉鸡配合日粮中，各类饲料原料的使用比例大致如下：谷物饲料占50%～70%，糠麸类饲料占5%以下，植物性蛋白质饲料占15%～25%，动物性蛋白质饲料占2%～7%，矿物质饲料占1%～2%，添加剂占1%，油脂占1%～4%。

（3）科学性原则　养殖户配制肉鸡日粮，应以肉鸡饲养标准为依据，这是保证日粮科学性的前提。同时，要考虑到肉鸡对主要营养物质的需求，结合鸡群生产水平和生产实践经验，对饲料标准中的某些营养指标给予适度调整。

（4）灵活性原则　肉鸡的饲养标准是在标准化饲养条件下的营养需求，一旦外界条件发生微小的改变，实际营养需求可能就会发生很大的变化。因此，要结合实际情况，对各种营养供应给予必要的灵活调整，不能生搬硬套。如冬季气温低，肉鸡能量消耗大，可在日粮中多添加一些油脂；夏季气温高，肉鸡采食量少，为满足蛋白质的摄入量，应适当提高日粮中蛋白质比例。再如肉鸡配合日粮中食盐用量一般以0.37%为宜，但在使用国产鱼粉的情况下，则应减少食盐的用量，否则可能会引起食盐中毒。

（5）消化性原则　肉鸡肠道相对较短，对饲料中粗纤维的消化利用率十分有限，如果日粮中粗纤维含量过高，不但会增加饲料的容积，影响能量、蛋白质、矿物质、维生素的摄入，还会影响对这些营养物质的消化和吸收。因此，一般情况下，肉鸡配合饲料中粗纤维的含量应控制在2.5% ~ 5%。同时，为提高饲料消化率、减少营养物质流失，建议肉鸡饲料的粉碎粒度以0.8 ~ 1.1毫米为宜。单细胞蛋白质饲料营养丰富、蛋白质含量高，且含有18 ~ 20种氨基酸，富含多种维生素，具有一般常规饲料所没有的优越性。但是，单细胞蛋白质饲料含有某些有毒菌肽，能与饲料蛋白质结合，影响蛋白质的消化，其消化率比常规蛋白质低10% ~ 15%，因此，应控制使用，肉鸡日粮中单细胞蛋白质饲料用量一般为5% ~ 10%。

（6）适口性原则　虽然肉鸡味觉不是很发达，但味觉刺激仍然会对其食欲产生影响。因此，饲料原料的品质和适口性要好，必须适合肉鸡的采食和消化特点。若饲料品质不良或适口性较差，即使理论上饲料营养成分足够，而实际上并不能满足肉鸡的营养需要。所以，在肉鸡养殖生产中，品质不良、霉变、变质的饲料坚决不能使用。同时，对那些口感不佳的饲料，也不能大量使用，如菜籽饼（粕）是较好的蛋白质饲料，但菜籽饼（粕）中含有一定量的芥子苷（含硫苷）毒素，具有辛辣味，适口性较差。所以，菜籽饼（粕）用量一般不超过5%。再如血粉粗蛋白质含量高达80%以上，但其蛋白质可消化性较差，且适口性不好，饲料中用量一般不超过2%。

（7）经济性原则　配制肉鸡日粮，必须保证较高的经济效益，以获得理想的市场竞争力。为此，要充分掌握当地的饲料来源情况和原料价格特点，因地制宜，充分开发和利用当地的饲料资源，选用营养价值较高且价格较低的饲料原料，配制出质优价廉的全价日粮，适度降低配合饲料的成本。如动物性饲料原料的营养价值远远高于植物性饲料原料，但购买价格也很高，为了适当降低饲料成本，同时减少饲料中“未知因子”对肉鸡生长发育的影响，在配制肉鸡日粮时，鱼粉可占2%～5%，最多不能超过7%，其他动物性饲料也以不超过10%为宜，否则，日粮成本太高，经济上不划算。生产实践证明，“无鱼粉饲料”同样能实现高效益。

（8）浓缩性原则 肉鸡嗉囊容积小，采食量十分有限，对饲料体积有一定要求，需要能量高、营养全、好消化、易吸收的饲料。所以，肉鸡配合日粮的体积要尽量小一些，要使用营养浓度高的饲料原料，如玉米、豆饼（粕）等。相反，那些粗纤维含量高的饲料则不宜多用，如麦麸纤维含量高、容积大，属于低热能饲料，一般只占肉鸡日粮的3%～5%。在饲料形状的选择上，最好采用制粒技术，压制颗粒饲料，这不但适合肉鸡的采食习惯，而且也是减小饲料体积的有效方法。

（9）安全性原则 饲料要清洁、卫生、无异物，更不能有病原微生物污染，否则，不但影响饲料的利用率，还会导致产品安全问题。所以，配制肉鸡日粮选用的各种饲料原料，包括饲料添加剂在内，其品质、等级必须经过严格细致的检测，过关后方可使用。另外，配制肉鸡日粮时，还要考虑到饲料本身的特点。如大麦粉碎过细并且用量太多时，其较强的黏滞性会影响肉鸡的食欲，因此，日粮中大麦的用量以10%～20%为宜；雏鸡日粮中大麦超过30%，可引起雏鸡生长减慢，且因其在肠道内发生秘结而导致雏鸡死亡。日粮中豆饼（粕）含量过多，可能会引起雏鸡粪便粘着肛门的现象，还会导致鸡的爪垫炎，所以，豆饼（粕）占日粮的10%～30%为宜。

（10）均匀性原则 配制肉鸡安全饲料时，各种成分的混合一定要均匀细致，特别是维生素、微量元素、药物、氨基酸等添加剂，使用量原本就很小，若搅拌不均匀，便不能发挥应有的作用，有时还会造成危害，甚至导致食品安全问题。在饲料中加入药物等添加剂时，一定要科学搅拌，保证添加剂混合均匀，并且必须保证肉鸡上市前5～7天内，饲料中不含有任何药物。

110.怎样设计饲料配方？

（1）日粮配合的基本步骤

①查找饲养标准：根据不同类型，不同饲龄的鸡种，从饲养标准中找出它对各种营养物质的需要量，把标准量在表的第一栏上列出。

②确定各类饲料大致比例：根据实践经验，大体确定各类饲料的比例。肉鸡的日粮参考比例见表4-3。

③计算主要营养素得出初步配方比例：先计算代谢能、粗蛋白质、赖氨酸、蛋氨酸+胱氨酸4种主要指标。各类饲料的大致比例确定后，先计算4种主要营养素，如差距大，要进行比例调整。

④配方调整：经过比例调整，各种主要营养素已很接近饲养标准时，最后加入无机盐饲料、微量元素和维生素，使之达到全价标准。

表4-3　肉鸡日粮各类饲料的大致比例

饲料种类	比例（%）
谷类饲料（玉米的比例可高些，大麦、稻谷的比例可低些）	40～60
植物性蛋白质饲料（豆饼、菜籽饼等，菜籽饼比例应控制在8%以下）	15～25
动物性蛋白质饲料（鱼粉、肉骨粉、蚕蛹干粉等）	3～10
糠麸类饲料	5～15
无机盐饲料（食盐、石粉、骨粉等）	2～6
微量元素、维生素添加剂（按说明书添加）	0.1～0.5

（2）日粮配合的方法示例

目前，规模化养鸡场自配料养鸡时，配合日粮多采用试差法。现举例介绍试差法配合日粮的基本步骤。例：使用玉米、高粱、小麦麸、豆饼、鱼粉、苜蓿草粉、石粉、骨粉、食盐以及添加剂预混料，配制7～18周龄肉鸡的日粮。

①根据所养肉鸡的品种情况选择饲养标准，确定其营养需要量。如查得7～18周龄黄羽肉鸡的营养需要量见表4–4。

表4-4　7～18周龄黄羽肉鸡的营养需要量

营养指标	营养需要量	营养指标	营养需要量
代谢能（兆焦/千克）	11.70	有效磷（%）	0.36
粗蛋白质（%）	15.0	蛋氨酸（%）	0.29
钙（%）	0.90	赖氨酸（%）	0.75
总磷（%）	0.61	食盐（%）	0.37

②选择质量好、易获得、价格低的饲料原料，并查阅饲料成分及营养价值表，列出所用各种饲料的营养成分及含量。本例主要原料的营养成分及含量见表4–5。

表4-5　所用饲料成分及营养价值

指标	玉米	小麦麸	豆粕	鱼粉	苜蓿粉	骨粉	石粉
代谢能（兆焦/千克）	13.71	6.81	10.53	11.70	4.05	—	—
粗蛋白质（%）	8.9	15.7	40.9	67.0	19.1	—	—
钙（%）	0.02	0.11	0.30	3.87	1.4	30.1	35
总磷（%）	0.27	0.92	0.49	2.76	—	13.4	—
有效磷（%）	0.12	0.24	0.24	2.76	0.51	—	—
赖氨酸（%）	0.24	0.58	2.38	6.98	0.82	—	—
蛋氨酸（%）	0.15	0.13	0.59	2.96	0.21	—	—

③试配或典型配方的借鉴与使用：如典型配方使用玉米63.8%、小麦麸10%、大豆粕6.0%、鱼粉8.6%、苜蓿干草粉3.0%、矿物粉8.2%、食盐0.4%，经计算代谢能11.19兆焦/千克，粗蛋白质16.03%。要满足代谢能指标11.7兆焦/千克、粗蛋白质指标15%，可调整玉米为69.0%，小麦麸为11.0%，豆粕9.5%，鱼粉4.0%。要满足钙指标0.9%、总磷指标0.6%，需配入骨粉0.61%、石粉2.7%。要满足蛋氨酸+胱氨酸0.61%，需配入蛋氨酸添加剂0.1%。维生素添加剂和微量元素添加剂按使用说明添加。

经计算调整后的基础饲料配方为：玉米69.0%，小麦麸11.0%，豆粕9.5%，鱼粉4.0%，苜蓿干草粉2.69%，石粉2.7%，骨粉0.61%，食盐0.4%，蛋氨酸添加剂0.1%。配方中的几个主要营养指标为：代谢能为11.80兆焦/千克，粗蛋白质15.0%，钙3.5%，总磷0.60%，蛋氨酸0.32%，赖氨酸0.76%，蛋氨酸+胱氨酸0.61%。这几个主要指标与饲养标准基本相符。

④实用性分析：根据当地饲料原料的价格，计算日粮成本，估算使用的效果，确定配方的使用价值。如果饲料配方可行，即可进行饲喂，若效果良好，可大批饲用；若效果不佳，可分析原因，并进行调整。

111. 肉鸡全价饲料在实践中的参考配方有哪些？

（1）0～3周龄肉鸡　玉米55.75%、豆粕35.17%、次粉4.00%、磷酸氢钙1.75%、猪油1.20%、石粉1.00%、盐0.28%、预混料0.50%、氯化胆碱0.10%、赖氨酸（98%）0.08%、蛋氨酸0.17%。

这是典型的玉米－豆粕型饲粮配方，能量和蛋白质饲料原料基本上都是玉米和豆粕两种原料，这个饲料配方的饲喂效果较为理想，只是豆粕价格较高，而豆粕配比较大。通常在肉鸡配方中为了满足其能量、氨基酸需要，会在配方中添加适量的油脂（动物油、植物油）、赖氨酸和蛋氨酸，钙、磷、钠、氯的需要由石粉、磷酸氢钙、食盐来提供。

（2）4～6周龄肉鸡　玉米57.18%、豆粕30.80%、次粉5.00%、猪油3.25%、磷酸氢钙1.54%、石粉1.30%、盐0.25%、预混料0.50%、氯化胆碱0.08%、赖氨酸（98%）0.04%、蛋氨酸0.06%。

从这个配方中可以看出，这是一个典型的玉米－豆粕型饲粮配方。这个阶段的玉米－豆粕型饲粮配方与0～3周龄的肉鸡相比，能量饲料所占比例增大，蛋白质、氨基酸所占比例减少。

（3）4～6周龄肉鸡　玉米58.61%、豆粕18.85%、次粉5.00%、棉籽粕4.00%、菜籽粕4.00%、鱼粉3.50%、猪油3.12%、磷酸氢钙0.96%、石粉1.09%、盐0.25%、预混料0.50%、赖氨酸（98%）0.06%、蛋氨酸0.06%。

在这个配方中，蛋白质饲料原料选用了棉籽粕和菜籽粕这样的杂粕类原料。由于4～6周龄的肉鸡消化能力增加，所以这个配方中可适当增加棉籽粕、菜籽粕的使用。但棉籽粕、菜籽粕的粗蛋白质和赖氨酸水平较低，可以用少量鱼粉弥补配方中蛋白质和氨基酸的不足。

112. 为什么肉鸡饲料中要有合适的蛋白能量比？

能量和蛋白质是饲养肉鸡的两大重要营养物质，它直接决定了肉鸡生长速度和养鸡经济效益。蛋白质采食过量，就会影响消化吸收。在低能量、高蛋白质的饲养条件下，多余的蛋白质会转化为能量，不但造成蛋白质的浪费，而且加重肝和肾负担。因此，为保证肉鸡生长快、饲料利用率高的生理特点，饲粮中应保持高能量、高蛋白质水平，且比例恰当。肉鸡各个饲养期适宜的蛋白能量比参见表4－4和表4－5。

113. 微量元素对肉用鸡的生长发育有何作用？缺乏时如何补充？

（1）铁和铜　铁、铜有协同作用，共同参与了血红蛋白的形成。铜可促进肉用鸡的生长，增强机体的免疫功能。铁、铜缺乏对雏鸡的成活率有一定的影响，缺铁时易发生贫血，铜过量可引起铜中毒。通常以硫酸亚铁、硫酸铜形式作添加剂。

（2）**锌** 是许多酶类、激素、骨、毛、肌肉等的构成成分，具有促进生长、预防皮肤病的作用。锌缺乏时，皮肤的发育不良，关节膨大，腿软无力，行走困难，严重的发生死亡。通常以碳酸锌或氧化锌作添加剂。

（3）**钴** 是维生素B_{12}的成分，维生素B_{12}能促进血红素的形成，并在蛋白质代谢中起重要作用。缺钴，维生素B_{12}合成受阻，机体表现采食量下降，精神差，生长停滞，出现贫血症状。喂钴盐或注射维生素B_{12}可治愈。

（4）**硒** 是谷胱甘肽过氧化物酶的必需成分，在机体内主要对酶系统起催化作用，能促进肉鸡的生长发育。当硒缺乏时，出现渗出性素质病，表现皮下大块水肿和组织出血、贫血、肌肉萎缩、肝坏死等，含量过高又会引起中毒。在配合日粮中加硒时一定要搅拌均匀。

（5）**锰** 与肉鸡的生长、繁殖有关，主要是促进钙、磷的吸收和骨骼的形成，以及性细胞的形成。也是一些酶的组成成分。锰缺乏时，新陈代谢机能发生紊乱，骨骼发育受阻，肉鸡常发生滑腱症。一般饲料中均缺乏锰，必须在饲料中添加，常以硫酸锰作添加剂。

（6）**碘** 是甲状腺的主要成分，对营养物质代谢起调节作用。缺碘时甲状腺机能衰退，蛋白质的合成受阻，肉鸡的生长发育和肌肉的生长缓慢，呈侏儒状。补碘常以碘化钾、碘化食盐形式进行添加。

114. 为什么要控制肉鸡日粮粗纤维的含量?

鸡的消化道很短，不能储存足够的食物，而且肉鸡的生长速度特别快，需要的营养物质含量也高，肉用鸡胃肠道中没有分解、利用粗纤维的微生物，对粗纤维含量高的饲料不易消化。高纤维日粮不但影响肉鸡的生长速度，也影响饲养肉鸡的经济效益。因此，在给肉鸡配合日粮时，粗纤维的含量不得超过5%。另外，肉鸡日粮中粗纤维的含量也不能过低，不得低于3%，过低可能引起消化道生理机能障碍，使肉鸡的抵抗力下降，导致某些疾病的发生。所以要控制肉鸡日粮中粗纤维的含量。

115. 为什么要在肉鸡饲料中加入沙砾？

（1）鸡没有牙齿，是靠肌胃的收缩，用沙子把饲料磨碎后再吸收利用。

（2）肉鸡的饲料都是高能量、高蛋白质性饲料，通过肉鸡较短的消化道不能被充分消化吸收。若在饲料中掺一定数量的沙砾增加肌胃对饲料的研磨力，则有助于饲料消化，并延长食物在肠道内停留的时间，可提高饲料的吸收利用率。

（3）沙砾通过肠道时可增加肠壁的渗透力，使营养物质的吸收率得到提高。

116. 肉鸡喂粉料好还是颗粒料好？

从科学饲养角度讲，颗粒料好；但从经济角度讲，采用自配料，喂粉料可能比喂颗粒料效益高。

颗粒料是全价料加上黏合剂后压制而成的，颗粒大小可调，以适应不同鸡只的需要。一般的肉鸡饲养普遍采用颗粒料，它最大的优点是确保肉鸡在食入料时各种养分都被均衡地采食。颗粒料还可提高适口性，既达到了肉鸡生长所需的营养指标，又减少了饲料抛撒浪费。

粉料一般有两种饲喂法：一种是干粉料自由采食，一种是拌成湿拌料定时不定量的饲喂。干粉料喂法简单，适于大规模的饲养，但容易造成食入养分不均的现象；喂湿拌料可促进多采食，也可加喂青饲料，但只能适合小规模饲养。

第四节　饲料配制加工

117.配制鸡饲料时应注意哪些问题?

（1）因地制宜，从本地实际出发，选择适口性好的、品种多样的饲料。

（2）采购原料，要严防饲料中掺假。

（3）把好原料质量关，选择价格低、效果好、新鲜、适口性好、无霉变、无怪味的饲料原料。

（4）对含有有毒物质的饲料要限制，如棉籽饼（粕）中游离棉酚对动物有害，因此在使用棉籽饼（粕）时要根据饲喂对象及饼、粕中游离棉酚的含量加以限量。棉籽饼及粗纤维高的饲料、某些动物性饲料要经处理才可使用。

（5）配合饲料时要称重准确，搅拌均匀。

（6）饲料的储藏要做到通风、干燥，保存时间不能过长，防止变质降低营养成分的效价。

118.怎样控制饲料原料品质?

饲料原料的质量控制是整个饲料质量控制体系的基础，是企业效益的有力保障，应该引起足够的重视，并将其放在极其重要的地位。原料品质的优劣与稳定直接关系到饲料产品的质量，因此加强原料的质量控制，防止原料质量不合格及霉变、污染等，是保证高质量饲料产品的前提。

（1）进货渠道的控制　可靠的渠道来源应该是第一位的，它比具体的检验更加重要。尤其有很多原料并不能实现全项检验或检验困难，如沸石粉的微量元素含量、吸氨值，磷酸氢钙是否掺杂磷酸三钙等。因此，一定要十分注意供货渠道的选择，建议技术、采购等多部门协同确定，尤其不能单从价格上考虑。

（2）根据实际情况选择合适的原料品种 如花生粕夏季容易滋生黄曲霉；酒精糟的原料往往不太新鲜；玉米蛋白粉、鱼粉经常有掺杂使假现象；原料的保质期和生产使用时间是否过期；各种原料间的可配伍性。如碱式氯化铜比五水硫酸铜更有利于维生素的稳定保存，凡此种种，都应注意考虑并积累经验。

（3）原料接收标准和各阶段的检验项目的确定 首先，必须有明确的接收、让步接收、拒收的标准，以便在实际工作中严格执行。同时，要注意针对不同原料突出重点检验项目，如鱼粉的感官检验、酸价测定。由于储存、生产等各阶段的不同特点，还应确定不同的检验项目。

119.怎样控制饲料卫生?

（1）饲料原料的安全措施

①严把原料采购入厂关：采购原料时要对原料产地的畜禽疫情有所了解，禁止采购腐败或污染或来自动物疫区的原料。

②重视原料的储存：不同原料应分别存放并挂标识牌，避免混杂。

③禁止露天放置原料：原料储存场地或仓库要求阴凉、通风、干燥和洁净。新鲜的畜禽肉类及鱼虾类原料如不能及时加工处理，应低温储存。

④坚持出库原则：原料出库使用要遵循先进先出原则，新鲜原料即使低温储存也应尽快使用。

⑤出库前筛选检查：出库使用前应进行筛选，对储存时因发生异常变化而导致不合格的原料要加以去除并作无害化处理。

（2）设施、设备的卫生管理 用于配制饲料的机械设备及器具的设计，要能长期保持防污染，用水的机械、器具要由耐腐蚀材料构成；与饲料及其制品的接触面要具有非吸收性，无毒、平滑；要耐反复清洗、杀菌；接触面使用的药剂、润滑剂、涂层要合乎规定。设备布局要防污染，为了便于检查、清扫、清洗，要置于用手可及的地方，必要的话可设置检验台。设备、器具维护维修时，事前作出检查计划及检验器械详单，计划上要明确记录修理的地方、交换部件负责人等，并保存检查监督作业及记录。

（3）严格控制饲料添加剂的使用　生产中使用饲料添加剂的品种和用量，应符合国家有关规定。

（4）加强从业人员的卫生教育　对从事饲料生产的员工进行认真的教育，患有可致使饲料生产病原性微生物污染疾病的人不得从事饲料生产。不要赤手接触制品，必须用外包装。进入生产区域的人要用肥皂及流动的水洗净手。使用完洗手间或打扫完污染物后要洗净手。要穿戴工厂规定的工作服、帽子。考虑到鞋有可能把异物带入生产区域，要换专用鞋。戴手套时须留意不要由手套给原料、制品带来污染。为防止进入生产区域的人落下携带物，要事先取下保管。生产区域内严禁吸烟。

120.怎样清理饲料原料中的杂质？

饲料原料中的杂质，不仅影响饲料产品质量，而且直接关系饲料加工设备及人身安全，严重时可致整台设备遭到损坏，影响饲料生产的顺利进行，故应及时清除。饲料杂质清理设备以筛选和磁选设备为主，筛选设备除去原料中的石块、泥块、麻袋片等大而长的杂物，磁选设备主要除去铁质杂质。

121.怎样粉碎鸡饲料原料？

（1）饲料原料的粉碎程度　鸡饲料的粉碎是鸡饲料加工中非常重要的环节，一般来说，蛋白质饲料经过粉碎之后，混合得会更均匀，而且能增加饲料与畜禽消化液的接触面，可以提高饲料的消化率。但饲料的粉碎细度应视畜禽的种类而异。鸡的饲料不宜过细，因鸡喜食粒料或破碎的谷物料，可以粗细搭配使用。稻谷、碎米可直接以粒状加入搅拌机，小麦、大麦的粉碎细度在2.5毫米以下为宜，玉米、糙米和豆饼应加工成粉状料。当产蛋鸡产软壳蛋需要补钙时，饲喂颗粒钙较理想，即把石灰石、贝壳等磨成高粱粒大小的颗粒，由于颗粒钙在鸡体内停留的时间较长，有利于鸡体的吸收利用，故补钙效果好。

（2）饲料原料粉碎粒度的标准 粉碎原料粒度的大小对后续工序的难易程度和成品质量都有着非常重要的影响。而且，粉碎粒度的大小直接影响着生产成本，在生产粉状配合饲料时，粉碎工序的电耗约为总电耗的50% ~ 70%。粉碎粒度越小，越有利于动物消化吸收，也越有利于饲料制粒，但同时电耗会相应增加，反之亦然。饲料粉碎的粒度各国有各国的标准，据报道，美国常用4毫米孔径筛片。我国国家技术监督局（现更名为国家质量监督检验检疫总局）1988年035号文件的规定，上层筛应有99.8%的颗粒通过，筛上物仅有0.2%，只有这样才算全部通过。我国商业部1985年3月发布的配合饲料质量标准规定生长鸡、产蛋鸡和肉仔鸡的粒度标准是0 ~ 6周龄全部通过2.5毫米圆孔筛，孔径1.5毫米圆孔筛上5%；7 ~ 20周龄全部通过孔径3.5毫米圆孔筛，孔径2.5毫米圆孔筛上物不大于15.0%；0 ~ 4周龄肉仔鸡全部通过孔径2.5毫米圆孔筛，1.5毫米圆孔筛上物不大于15.0%；4周龄以上肉仔鸡全部通过孔径3.5毫米圆孔筛，孔径2.5毫米圆孔筛上物不大于15.0%。

122. 饲料的配料工艺有哪些？

目前常用的配料工艺流程有人工添加配料、容积式配料、一仓一秤配料、多仓数秤配料、多仓一秤配料等。

（1）人工添加配料 用于小型饲料加工厂和饲料加工车间。这种配料工艺是人工称量各种组分，并由人工将称量过的物料倾倒入混合机中。因为全部采用人工计量、人工配料，因此工艺极为简单，设备投资少，产品成本低，计量灵活、精确，但人工的操作环境差、劳动强度大、劳动生产效率低，尤其是操作工人劳动较长时间后容易出现差错。

（2）**容积式配料**　每只配料仓下面配置一台容积式配料器。

（3）**多仓数秤配料**　将所计量的物料按照其物理特性或称量范围分组，每组配上相应的计量装置。

123. 饲料的混合工艺有哪些?

混合工艺可分为分批混合和连续混合两种。

（1）**分批混合**　将各种混合组分根据配方的比例混合在一起，并将它们送入周期工作的批量混合机分批进行混合。这种混合方式改换配方比较方便，每批之间的相互混杂较少，是目前普遍应用的一种混合工艺。由于启闭操作比较频繁，因此大多采用自动程序控制。

（2）**连续混合**　将各种饲料组分同时分别地连续计量，并按比例配合成一股含有各种组分的料流，当这股料流进入连续混合机后，则连续混合而成一股均匀的料流。这种工艺的优点是可以连续进行，容易与粉碎及制粒等连续操作的工序相衔接，生产时不需要频繁地操作，但是在换配方时，流量的调节比较麻烦，而且在连续输送和连续混合设备中的物料残留较多，所以两批饲料之间的互混问题比较严重。

第五节　鸡场饲料管理

124. 原料采购管理中常见哪些问题?

目前在鸡场原料采购管理中最常见问题主要有以下几种：

(1) 没有明确的采购策略，例如缺乏对采购需求分析，缺乏对供应商的培养等。

(2) 没有注重长期供应商关系管理，例如从关注谈判向建立战略伙伴关系转变，从一味压价向建立互赢和激励机制转变。

（3）没有把采购管理上升到战略性高度考虑，例如采购策略和合作伙伴的选择评估标准没有作为企业整体战略中的一部分，新产品的开发和改善没有与战略供应商保持自始至终的合作。

（4）鸡场的分散采购忽略了整体利益的最大化，例如货源的整体布局与配送、生产和销售网络的最优化配置不够。

（5）缺乏有效的工具和信息平台进行采购跟踪、评估、分析和智能化决策。

125. 什么是原料采购的战略采购？

战略采购，即以最低总成本建立业务供给渠道的过程，不是以最低采购价格获得当前所需原料的简单交易。战略采购充分平衡企业内部和外部的优势，以降低整体供应链成本为宗旨，涵盖整个采购流程，从原料描述直至付款的全程管理。战略采购主要有以下几种方式：

（1）集中采购 通过采购量的集中来提高议价能力，降低单位采购成本，这是一种基本的战略采购方式。

（2）扩大供应商基础 通过扩大供应商选择范围，引入更多的竞争，降低采购成本。

（3）优化采购流程和方式 在将“采购量”和“供应商”数量这两个硬的客观影响采购成本因素进行优化之后，进一步对供应商服务方面的优化。

（4）原料/产品/服务的标准化 在产品/服务设计阶段就充分考虑未来采购、制造、储运等环节的运作成本，提高原料、工艺和服务的标准化程度，减少差异性带来的后续成本。

126. 怎样正确选购饲料？

饲料占养殖生产成本的70%，选购饲料质量的好坏直接关系到养殖业的生产效益。在选购饲料时，不能仅凭外观鉴别饲料优劣。选购饲料的好坏可参考以下方法：

（1）**看颜色**　某一品牌某一种类的饲料，颜色在一定的时间内相对稳定。由于各种饲料原料颜色不一样，不同厂家有不同配方，因而不能用统一的颜色标准来衡量。但我们在选购同一品牌时，如果颜色差别过大，应引起警觉。

（2）**闻气味**　好的饲料应有大豆、玉米特有的香味。为了掩盖有些劣质饲料原料变质发生的霉味而加入较高浓度的香精，这类饲料尽管特别香但不是好饲料。

（3）**看均细**　正规厂家的优质饲料一般都混合得非常均细，表面光滑、颗粒均匀、制粒冷却良好，不会出现分级现象。劣质饲料因加工设备简陋，很难保证饲料品质，从每包饲料的不同部位各抓一把，即可比较出优劣。

（4）**看商标**　正规厂家包装应美观整齐，厂址、电话、适应品种明确，有在工商部门注册的商标，经注册的商标右上方都有R标注。许多假冒伪劣产品包装袋上的厂址、电话都是假的，更没有注册商标。

（5）**看生产日期**　尽管有些饲料是正规厂家生产的优质产品，但如果过了保质期，难免变质。应选购包装严密、干燥、疏松、流动性好的产品。如有受潮、板结、色泽差，说明该产品已有部分变质失效，不宜使用。

（6）**了解售后服务质量细则**　饲料生产厂家的售后服务，包括他们对饲料的养殖效益和由饲料本身引起的问题所负的责任，以及对非饲料因素引起疾病所提供的义务咨询。

（7）**鉴别饲料的优劣**　主要看饲喂后效果如何。选购前，应了解产品的性能、成分、含量、销价以及用途。结合自己所饲养的品种、条件、体重、生长发育阶段，选择科研单位实验推广应用的产品。购买时做到有的放矢，克服盲目性。可先小批量试用，若能达到厂家承诺的饲养效果，再大批量购买。一次购买的饲料最好在保质期内喂完。

127.怎样评价饲料品质?

鸡群的生长发育、生理代谢状况是检验饲料品质的最终标准，评价饲料品质需围绕饲料对饲喂鸡群行为的影响全方位、多角度地展开。饲料营养物质特性限定了动物生长发育所能利用的物质基础，饲料的卫生安全特性影响着动物健康和生理机能协调的状况，饲料的消化吸收特性和适口性则决定了动物对饲料的利用效率和程度，而饲料加工质量特性借助改变饲料的消化吸收特性和适口性来影响动物行为。因此评价一种饲料的品质如何，应从饲料营养物质特性、消化吸收特性、适口性、加工质量特性、卫生安全特性几个方面考虑。

128.怎样储存鸡饲料制品?

饲料储存不当，易发霉变质，脂肪氧化增多，维生素被破坏，饲用价值降低，甚至可能产生毒素造成鸡群中毒。因此，饲料在保存过程中，要注意避免阳光直射，注意通风、防潮和防虫蛀。如长时间保存应加抗氧化剂、防霉剂等添加剂，提高饲料的利用率。

（1）全价颗粒饲料的储存 因经蒸汽加压处理，绝大部分微生物和害虫被杀死，而且空隙度大，含水量较少，淀粉膨化后将维生素包裹，因而储存性能极好，短期内只要防潮，储存不易霉变，也不易因受光的影响而使维生素被破坏。

（2）全价粉状配合料的储存 大部分由谷类籽实组成，表面积大，空隙度小，导热性差，容易吸潮发霉。其中维生素因高温、光照等因素而受到损失。因此，全价粉状配合料一般不宜久放，储存时间最好不要超过2周。

（3）浓缩饲料的储存 蛋白质含量丰富，含各种维生素和微量元素。这种粉状饲料导热性差，易吸潮，有利于微生物和害虫繁殖，也易导致维生素变热、氧化而失效。因此，浓缩饲料宜加入适量抗氧化剂，且不宜长时期储存。

（4）**添加剂预混料的储存**　主要是由维生素和微量元素组成，有的添加了一些氨基酸、药物或一些载体。这类物质容易受光、热、水、气影响，要注意存放在低温、遮光、干燥的地方，最好加入一些抗氧化剂，储存期也不宜过长。维生素添加剂也要用小袋遮光密闭包装，在使用时，先与少量玉米粉等载体预混，再与微量元素混合，使其效价不受到太大的影响。

129. 饲料制品的出入库原则是什么？

（1）把好饲料入库关，杜绝劣质饲料入库。

（2）严格按照验收程序进行饲料、原料等的验收入库；验收人员对饲料的入库质量负责。

（3）感官要求：色泽新鲜一致，禁止发酵、霉变、结块及异味、异臭的饲料原料入库；禁止被污染的饲料原料入库。

（4）库管员对饲料、原料在库存期的数量以及未按相关管理要求而引起的质量变异负责。

（5）饲料、原料按品种、规格有序整齐地堆放，以易于领用、识别和统计。

（6）做好防水、防潮、防盗、防火、防鼠等工作，防止其他动物污染或破坏饲料原料。

（7）采购主管和库管员应加强与生产主管的沟通，随时掌握饲料的使用情况，制订合理的库存数量和饲料原料的月采购计划。

（8）库管员应认真记录饲料原料的领用情况和库存情况，当饲料的库存低于警戒线（5天用量）时，库管员应及时向物资供应部门反映情况，以保证饲料的供应。

（9）生产鸡舍的饲料由各舍饲养员每天上班时到库房领取。

（10）库管员必须到场登记各鸡舍领取数量、品种、规格、领取人等。

（11）坚持先进先出的原则。

130. 饲料制品的运输应注意哪些问题?

（1）防雨 饲料在下雨天运输时，应防止雨水淋湿饲料。饲料一旦淋雨受潮很容易发霉变质，尤其是在高温高湿季节。

（2）防包装破损 饲料在装卸过程中应轻装轻卸，避免包装破损，特别是需要密闭保存的饲料如维生素等，若包装破损，会影响保质期。

（3）防颠簸 饲料尤其是粉料，在长途运输过程中，应尽量避免颠簸，否则会造成饲料分级，影响饲料的使用效果。

131. 饲料供应体系的发展趋势是什么?

饲料品质的优劣、配制的好坏和成本的高低，直接影响到鸡肉的品质和养鸡场的生产经营效益，因此，必须建立和完善科学的饲料供应体系，为肉鸡的健康发展提供安全、质优、价廉的饲料。饲料供应体系主要包括饲料原料的采购、饲料生产加工、饲料的运输和废水废料处理等环节。目前，在生态养殖的发展驱动下，饲料供应正在由传统的以取得最大的经济效益为主要目标的模式向可持续发展模式转型，其每个环节都在努力向产业化、科学化、高科技化、生态化的方向改进，主要表现在：

（1）在饲料原材料的采集过程中，充分与种植业相结合，回收秸秆、麦秆等饲料原料，有效治理了秸秆等资源的浪费和焚烧秸秆造成的大气污染。

（2）在饲料的生产过程中，大力推广先进的设备，积极应用科学技术，提高生产效率，降低生产过程中的浪费，符合生态养殖的发展需求。

（3）在饲料的生产运输过程中，提高机械化程度，采用科学的管理办法，减少人力物力的浪费，减少运输过程中的饲料浪费和运输成本。

（4）饲料厂采取有效措施，对废水废料进行处理，减少环境污染和破坏。

（5）增强饲料供应体系中的安全意识，减少安全隐患等问题。严格把关饲料原料、添加剂的来源，并进行安全处理；严格控制添加剂的用量和种类，减少安全隐患；在饲料储存、运输过程中，注意储存环境等。

（6）配料、养殖环节科学合理，减少浪费。

第五章　肉鸡规模化生产的饲养管理技术

第一节　饲养管理方略

132.肉鸡的饲养方式有哪些?

肉鸡的饲养方式通常有地面平养、网上平养、笼养和放牧饲养4种。

（1）地面平养　地面平养对鸡舍的要求较低，在舍内地面上铺5～10厘米厚的垫料，定期打扫更换即可；或用15厘米厚的垫料，一个饲养周期更换一次。平养鸡舍地面最好为混凝土结构。在土壤为干燥的多孔沙质土的地区，也可用泥土地作为鸡舍地面。地面平养的优点是设备简单，成本低，胸囊肿及腿病发病率低。缺点是需要大量垫料，占地面积多，使用过的垫料难于处理，且常常成为疾病传染源，易发生鸡白痢及球虫病等。

（2）网上平养　网上平养适合饲养5周龄以上的肉鸡。5周龄前在育雏舍培育，5周龄后转群到网上饲养，有利于充分利用育雏设备和加快肉仔鸡后期的发育。网上平养的设备是在鸡舍内饲养区全部铺上离地面60厘米高的金属网或木、竹栅条，或在用钢筋支撑的金属地板网上再铺一层弹性塑料垫网。鸡粪落入网下，减少了消化系统病感染机会，尤其对球虫病的控制有显著效果。木、竹栅条平养和弹性塑料网平养，胸囊肿的发生率可明显减少，缺点是设备成本较高。

（3）笼养　笼养肉鸡鸡笼的规格很多，大体可分为重叠式和阶梯式两种，层数有3层、4层。有些养鸡户采用自制鸡笼。笼养与平养相比，单位面积饲养量可增加1倍左右，有效地提高了鸡舍利用率；由于鸡被限制在笼内活动，争食现象减少，发育整齐，增重良好，可提高饲料效率5%～10%，降低总成本3%～7%；鸡体与粪便不接触，可有效地控制鸡白痢和球虫病蔓延；不需垫料，减少垫料开支，减少舍内粉尘；转群和出栏时，抓鸡方便，鸡舍易于清扫。过去肉鸡笼养存在的主要缺点是胸囊肿和腿病的发生率高，近年来改用弹性塑料网代替金属底网，大大减少了胸囊肿和腿病的发生，用竹片作底网效果也较好。

（4）放牧饲养　放牧饲养一般在仔鸡6周龄以后采用，即让鸡群在自然环境中活动、觅食、人工补饲，夜间鸡群回鸡舍栖息。该方式一般是将鸡舍建在远离村庄的山丘或果园之中，鸡群能够自由活动、觅食，得到阳光照射和沙浴等，可采食虫、草和沙砾、泥土中的微量元素等，有利于优质肉鸡的生长发育。鸡群活泼健康，肉质好，外观紧凑，羽毛有光泽，不易发生啄癖。

133. 肉鸡的饲养管理制度有哪些？

肉鸡的饲养管理制度主要包括养殖小区管理制、全进全出制、分栏管理制和分群管理制。

134. 什么是养殖小区管理制度？

鉴于我国地方肉鸡多数都是以“企业+农户”的基本模式进行经营，真正的饲养管理者是千家万户的农户，为了有效管理农户，有必要推行养殖小区管理制度。黄羽肉鸡养殖小区管理制度就是在一定区域范围内集中饲养某个特定黄羽肉鸡品种，在企业和养殖大户的带动下，在养殖主体自愿参加、自主经营、互助合作的方式下，以“合理布局、规模适度、相对集中”为原则，遵循“统一规划、统一标准、统一品种、配套服务、分户饲养”的制度，达到安全、优质、高效和增收的目的。养殖小区的统一管理，有利于推行规范化养殖、标准化养殖，便于统防统治，还可改善农村卫生环境，有利于生态环境保护。

135. 什么是全进全出制度？如何执行？

（1）全进全出管理制度 从全面和长期的防疫观点出发，不管是种鸡还是肉鸡的饲养管理，都应执行全进全出。所谓全进全出制度，也就是同一栋鸡舍（或同一个鸡场）内的鸡在同一天转进，又在同一天转出，全进全出制度是集约化鸡场的一项基本的管理制度。其最大的特点是在一个时期内全场无鸡，能最大限度地消灭场内原存的各种病原体，防止疫病的循环传播，使雏鸡在接种后获得较为一致的免疫力，保证鸡群的健康与安全；便于鸡群的生产管理和统一贯彻技术措施，如同时供温、同时撤温、同时断喙、统一光照制度与统一接种方案、同时调整和更换饲粮等，事半功倍，经济效益高。

（2）全进全出制的执行程序

①全群同期进场：当从孵化场购买1日龄母雏或从后备种鸡场购买18～20周龄的后备种鸡时，不论数量多少，一律集中在1周内全部进齐，且进场日期越集中越有利。

②全群同期出场：肉鸡同时上市、种鸡同时转群或淘汰，全场所有的鸡一律在1～3天内出场。

③全场消毒、鸡舍闲置：鸡群全部出场后，对鸡舍及其设备进行全面彻底的清扫、冲洗和消毒。各栋鸡舍至少在2周内不养鸡。

136. 怎样进行肉鸡的分栏管理？

随着平养肉鸡日龄的增大，需要为鸡只提供更宽的活动面积来保证鸡只的采食、饮水等活动，所以平养肉鸡在饲养过程中要执行分栏管理。分栏要求：1～30日龄，500～600只/栏；30日龄以后，1 000～1 200只/栏。开始扩栏时间是6日龄，由原来鸡舍的1/10～1/8扩至1/6～1/5，20～25日龄扩至鸡舍的2/3，30～45

日龄扩满舍。小群集中密度以每次80～100只为宜。

137.怎样进行肉鸡的分群管理?

分群管理包括公母分群、强弱分群和大小分群。公母分群要根据不同品种的肉鸡适时进行，一般品种公母分群的时间是：快速型鸡15～20日龄；中速型鸡25～30日龄；慢速型鸡35～40日龄。同时，要注意在进行疫苗接种和断喙时进行强弱分群和大小分群，即将个体比较弱小的鸡只分开饲喂，并加强护理。

第二节　肉仔鸡的饲养管理

138.肉仔鸡饲养管理应注意哪些要点?

在肉鸡生产实践中，饲养优良的品种、提供全价配合饲料、规范化的饲养与管理和程序化的疫病防治制度是养好肉鸡的四大关键措施，缺一不可。肉鸡从出壳到出栏，一般将其分为两个阶段。第一阶段为育雏期（0～4周龄），这个时期雏鸡初羽生长，羽绒脱落，逐步换成青年鸡羽，此期因雏鸡缺乏调节体温的能力，体质较弱，所以要精心培育，如果温度调节不好，饲养管理不善，很容易发生疾病，甚至造成死亡。第二阶段为肥育期（5周龄至上市），此时的特点是食量大，生长发育快，活动能力和适应性强，饲料利用率也高。

（1）肉仔鸡的饲养　肉仔鸡的日粮必须严格按饲养标准进行配制，采用自由采食饲喂，保持充足干净的饮水，但应防止饲料浪费。0～4周龄用雏鸡日粮，5周龄至上市用肉中鸡日粮。肉仔鸡料中使用的许多药物，在鸡上市前7天应该停喂，防止兽药在肉仔鸡肉品中残留。肉仔鸡饲料的形状有粉状料、颗粒料和碎粒料，以颗粒料的饲喂效果最好。

（2）肉仔鸡的管理 在肉仔鸡的生产中，要获取较大的经济效益，管理是很重要的环节，必须做好以下几方面。

①采用全进全出制：一个鸡场或一栋鸡舍饲养同一日龄的肉仔鸡，在同一天全部出场。出场后，彻底清扫、消毒后空闲1～2周，再饲养下一批雏鸡。全进全出，便于实行统一饲料、光照、防疫等技术措施，有利于鸡群的健康生长，提高鸡群的生产水平。

②肉仔鸡入舍前的准备和入舍后的管理：与鸡的育雏基本相同。

③加强通风：因肉仔鸡的饲养密度大，必须加强通风，排除舍内的废气。

④采用弱光：育雏头2天，采用24小时光照，以后改为23小时照明、1小时黑暗的光照制度。光照应由强变弱，1～2周龄时每平方米2.7瓦（灯泡离地面2米）；3周龄至上市改为每平方米1.3瓦。

⑤降低应激：为了维持肉仔鸡高的生产性能，应尽量减少应激影响，保持水、饲料、饲养管理等的稳定性。

⑥减少残次品：防止和减少肉仔鸡胸囊肿、挫伤、骨折、软腿病等是增加经济效益的重要途径。

139. 进雏前的准备工作有哪些?

根据鸡群周转情况，合理安排好进鸡时间，然后根据鸡舍数量、面积及经济实力，选择信誉好、产品质量高、技术服务完善的供鸡苗单位，预定鸡雏。接鸡前要做好充分的准备。

（1）物资与用具的准备

①物资：饲料、疫苗、药物、垫料等。

②工具：温度计、湿度计，照明用具，清扫用具以及育雏记录表格等。

（2）清扫消毒 育雏前搞好鸡舍的清扫消毒工作，步骤如下：

①冲洗鸡舍：用水枪清洗鸡舍的天花板、笼具、地面，顺序先上后下、先内后外，可除去部分病原体，冲洗掉大部分有机物。

②火焰消毒：舍内不怕火烧的金属笼具、地面等可采用火焰消毒。

③喷雾消毒：一般冲洗干燥后才能进行化学消毒，常用喷雾消毒，稀释后的消毒液喷雾量为每平方米0.25～0.4升。喷雾时，顺序先后再前、先屋顶后地面、先内后外。

④熏蒸：熏蒸时应提高气温，相对湿度60%～80%较好，用高锰酸钾与福尔马林，比例1∶2，每立方米用量分别是21克和42毫升，消毒时应密闭门窗。

鸡舍内环境熏蒸后，一般封闭24小时以上，有条件的养鸡户要对鸡舍取样进行细菌培养，合格后进雏鸡；没有条件的，要对鸡舍熏蒸足够长的时间。为了保证熏蒸的效果，进入雏鸡舍的人员，要穿上专用的防疫服，脚踩消毒池，用消毒水洗手。在保证生产的情况下，尽量减少人员出入。

（3）试温　气温低时，在进雏前两三天开始供暖，使舍内温度达到适宜水平。观察室内温度是否均匀、平稳，设备是否合格，饮水系统有无滴漏。接雏鸡的当天要先把料、水备齐，创造温暖、清洁而舒适的生活环境。同时制订好合理的免疫计划，尤其是准备好1日龄免疫用的传染性支气管炎疫苗。准备工作完成后，就可以进鸡苗了。

140. 怎样选择雏鸡个体？

①出壳适时而整齐；②两眼有神，活泼好动；③绒毛整洁、有光泽，长短适中；④脐部愈合良好，没有血迹；⑤腹部柔软，大小适中，蛋黄吸收良好；⑥喙、眼、腿、爪等无畸形；⑦泄殖腔附近干燥，没有黄白色的稀便粘着；⑧手握雏鸡有温暖感，体格结实有弹性，挣扎有力；⑨叫声响亮清脆，反应灵敏；⑩体重不过大、过小。

141. 雏鸡的接运过程中有哪些注意事项？

（1）盛装工具　盛装雏鸡的工具最好是一次性纸质雏鸡盒，或塑料雏鸡盒（每次用过都要认真冲洗消毒）。盒底应有垫纸，以利于防滑与吸湿。为了便于装卸，也可2～3个雏鸡盒捆成一组，每组中各个雏鸡盒间应有相应空隙，以利于空气流通与散热。

（2）通风与保温

①要每隔半小时观察一下雏鸡的表现，要及时将上下、左右、前后雏鸡盒对调更换位置，以利于通风散热与保温。最适宜的运雏鸡的温度是18～24℃，如果车内温度高于28℃，要缩短每次雏鸡盒换位的间隔时间，同时要打开车窗，车内地面洒水。

②远途运输时，严禁在路上停车用餐或休息。

③冬天运雏要注意防寒保温，但一定要注意通风，也要定时进行雏鸡盒换位。夏天运输比冬季更易发生问题，主要是过热会闷死雏鸡。冬季运雏鸡最好在中午运输；夏季要早晚运雏鸡，避开高温时间。

142. 肉仔鸡的喂料及饮水管理要点是什么？

（1）饮水

①先饮水后开食。一定要在开食之前饮好水，饮水的水温要与室温一致，不可过低。

②第一天饮水中最好每升水加50克葡萄糖或白糖，加2克维生素C，特别是经过长途运输的鸡只，饮水中加糖与维生素C可明显降低死亡率。

③保证全天供水。在育雏期要做到全天24小时不断水，雏鸡随时可饮到水。

④为使雏鸡熟悉水源，头三天应增加光照度，待雏鸡熟悉水源后可适当降低光照度。

（2）喂料 雏鸡的喂料量依日粮能量水平、料槽结构、喂料方法、鸡龄的大小和鸡群健康状况而异。每天饲喂量以雏鸡够吃和全部吃净为准。肉仔鸡的饲喂次数依喂料的方式而定。

喂料方式有两种：一是干粉料自由采食；二是湿拌料分次饲喂。采用湿拌料分次饲喂时，除开食第一天喂3次外，以后每天喂

5～6次，5周龄后每天喂4次。喂料时间要固定，不要随意改变喂料次数和时间表，必要时应逐渐改变。每次喂料量应以全群鸡在半小时内采食完为宜。

143.怎样控制肉仔鸡舍内环境？

（1）鸡舍通风　开放式鸡舍主要靠开闭门窗通风换气。利用自然通风换气，冬、春季，可在换气窗上钉纱布以缓解气流。要根据肉仔鸡密度的大小、育雏室温度的高低、天气的阴晴、风力的大小、有害气体的浓度等因素来决定开关门窗的次数和时间长短，以达到既能保持室内空气新鲜又能保持适宜的温度的目的。密闭式鸡舍可开启排风扇进行通风换气，育雏室内通风换气是否正常以人进入室内不感到有闷气及呛鼻、辣眼睛、过分臭味为宜，也可通过仪表测量。

（2）调整相对湿度　育雏湿度应随着鸡日龄的变化而调整。一般讲，开始育雏要防湿度低，10日龄之后要防湿度过高，头几天相对湿度要达到70%。观察雏鸡最好的特征是看脚趾（脚鳞），如湿度合适，脚趾光亮，丰满无皱纹；如湿度低，则脚趾干瘪，皱纹多，这时可增加湿度。7日龄左右相对湿度应降至65%，10日龄后降到60%，最后维持在55%～60%。

（3）调整光照　光照时间长短、强弱对雏鸡健康和发育有密切关系。肉种鸡缩短光照时间的主要作用是延迟性成熟的时间，控制适时开产；而肉仔鸡增加光照时间的作用则是延长采食时间，加快生长速度。

①每天有1个小时的黑暗，是让鸡只熟悉黑暗情况，以免停电造成应激。

②从育雏第二周开始实行夜间间断照明，即开灯喂料，采食饮水后熄灯休息，一般每20～30米^{2}面积用25瓦灯泡1个，悬挂高度2米。

144.怎样管理垫料？

（1）垫料种类　选择无污染、吸水防潮性好且干燥松软的原料作为垫料。如锯末、刨花、稻壳或碎麦秸，以刨花最好，麦秸易板结。

（2）垫料干湿度 一般要求垫料含水量为20%～30%，对鸡群的羽毛状况、饲料转化率、球虫病以及其他寄生虫病的控制都有益处，而且鸡舍氨气含量也小。垫料太干燥，粉尘大，易诱发鸡群呼吸道病。

（3）垫料厚度 一般为7～10厘米，夏天可薄一些，冬天要适当厚一些。

（4）垫料清理 要加强鸡舍通风，经常翻动垫料以防止板结。同时要防止水盘漏水。夏天要经常清除潮湿的垫料，加一些新的干燥垫料。

145. 肉仔鸡在育肥阶段如何快速催肥？

快速育肥目的就在于快速促进肌肉的丰满和体内脂肪的沉积。因此，要采取特殊的饲养管理措施。4周龄前应十分重视满足肉仔鸡对蛋白质的需要；4周龄后着重考虑提高能量水平，以提供符合生长规律和生理要求的适当的蛋白能量比；肥育后期，应多喂玉米、碎米、小麦等高能量饲料，少喂或不喂粗纤维含量多的饲料，有条件可加喂油脂。在育肥期间，还必须加强鸡群管理，保持安静的生活环境、较暗的光线条件。

第三节 肉种鸡的饲养管理

146. 肉种鸡育成期生长发育的特点是什么？

（1）生长迅速 骨骼和肌肉的生长速度较快，机体对钙质的沉积能力有所提高；随着日龄的增长，脂肪沉积量也逐渐增多，容易引起过肥现象，对肉鸡的体重影响最大的是饲料的营养水平。

（2）发育旺盛 育成期的中、后期，机体各器官系统的机能基本健全，尤其是中期生殖系统开始发育，后期达到性成熟。

147. 肉种鸡在育成期营养需要特点是什么？

肉种鸡在7～22周龄阶段称为育成鸡。肉种鸡在育成期生长发育迅速，各组织器官发育趋于完善，机能逐渐趋于健全，蓄积脂肪能力也逐渐增强。此阶段营养好坏直接影响以后成年鸡的生产性能和种用价值。为防止肉种鸡在育成期采食过多、沉积脂肪过快、性成熟过早，控制适时开产、适当降低蛋白质等营养物质水平或实行限制饲养都是必要的。

148. 肉种鸡在育成期有哪些日常管理内容？

①育成鸡的限制饲喂：简称限饲，是人为控制鸡采食量的方法。特别是中型蛋鸡，除育成阶段限饲外，在产蛋阶段（尤其是产蛋后期）也适当限制喂量。

②育成鸡的体重监测：必须定期监测鸡的体重变化，要采取各种措施保证鸡群达到或接近标准体重。

③育成鸡的光照限制：光照是影响鸡性成熟的重要因素之一，性成熟过早或者过晚对于鸡的产蛋都是不利的，因此在这一方面需要格外注意。

④育成鸡的其他饲养管理：要根据鸡的生长发育状况调整鸡群的饲养密度，补喂沙砾和钙，及时断喙等。

149. 为什么要对肉种鸡进行限制饲养？怎样限饲？

（1）限饲的目的　控制鸡的生长、抑制性成熟。鸡群在自由采食状态下，除夏季外，都有过量采食的情况，这不仅造成经济上的损失，而且还会促使鸡积蓄脂肪和超重，影响成年后的产蛋能力。限饲可使性成熟适时化和同期化，这是由于限饲首先控制了卵巢的发育和体重的增长，个体间体重差异缩小，产蛋率上升快，到达50%产蛋率所需的日数短。

（2）节约饲料 鸡群限饲的采食量比自由采食时减少，从而可以节约饲料10%～15%。

（3）限饲的方法

①定量限饲：喂给鸡群自由采食时采食量的70%、80%或90%的料量，依不同类型、品种、鸡群状况而定，轻型鸡要轻度限制。每日决定饲喂量，计算以后饲喂。

②停喂结合：如1周内停喂1日，3日内停喂1日，或2日停喂1日（隔日给饲），根据鸡群情况而定不同的限饲方法，停饲日所占的比例越多，则限制越严格。

③定时限饲：根据鸡的日龄和限饲的目的，决定每日的给饲时间。

④质的限制：在育成阶段对某一种必需的营养物质进行限制，如对1～19周龄的蛋用型育成鸡，饲喂含14%蛋白质日粮，对以后的产蛋性能无不良影响。但采用低蛋白质日粮时，一定要保证各种氨基酸的供给。

（4）限饲的起止周龄 限饲的目的是要控制鸡的生长发育，对不同类型的鸡限饲的开始和结束时间均不同，各鸡场要根据具体情况灵活掌握，后备种鸡一般从6～8周龄开始进行限饲，18周龄后根据该品种标准给予饲喂量。限饲必须与控制光照相结合，在限制饲喂期间，切不可用增加光照等办法刺激母鸡早开产，这将会对其后的产蛋性能产生有害的影响。

（5）限饲注意要点 限饲开始，必须要有充足的食槽，使每只鸡都有一槽位，使鸡吃料时同步化，不管什么周龄喂料时，都能做到80%的鸡在采食，20%的鸡在饮水。每隔1～2周，在固定时间，随机抽取鸡群2%～5%的鸡进行空腹称重，如体重超过标准重的1%，下周则减1%的料量；体重如低于标准重1%，则增加饲料1%，称重应认真，必须准确无误。在限饲前，必须严格地挑出病鸡和弱鸡，病、弱鸡不能接受限饲，否则可能导致死亡。限饲进行中，如鸡群发病或处于其他应激状态等，应停止限饲，改为自由采食。限饲要注意满足各种营养物质的需要，做到日粮的平衡，否则达不到应有的效果。

150.怎样合理控制肉种鸡育成期的体重和提高种鸡群体均匀度？

（1）控制体重的原则

①每周都要准确称重，而且要保证鸡只每周体重都有适度增长。

②根据每周称重情况决定喂料量。

③鸡群在12周龄以后如果发现超重，千万不要通过降料来降低体重以达到标准体重，而要保持每周稳定的增长。

（2）提高种鸡的均匀度

①每周对鸡群进行抽样称重，根据体重分布图，将鸡群划分为三个等级，即育成鸡、青年鸡和雏鸡，及时调群。

②做好断喙工作。

③料位要充足而且喂料速度要快，让鸡只在最短的时间内尽可能同时开食而且尽可能采食等量的饲料。

④制订切合实际的限饲程序，同时鸡群密度要合理。

151.怎样对育成鸡进行光照管理？

光照程序的制订，主要受鸡群生长及产蛋所在的鸡舍类型以及鸡场所处的地理纬度的影响。光照刺激只在鸡群达到体成熟，累计采食足够的粗蛋白质和能量后进行。

（1）育雏、育成期、产蛋期均在密闭式鸡舍　在此的情况下，开始光照的时间要看鸡的发育状况而定，一般光照刺激4周后，产蛋率达5%。从第20周龄或21周龄开始实行光照刺激后，光照时间增加的幅度受鸡群均匀度的影响。如果均匀度很好，增幅可大一些，幅度为2～4小时/周；如果均匀度差，增幅为1小时/周即可，否则母鸡会出脱肛和抱窝现象。另外，育成期光照度宜弱而产蛋期宜强，二者差异越大，光照刺激越有效。

（2）育雏、育成在密闭鸡舍，而产蛋期在开放式鸡舍 在第3～19周龄的光照时间的长短依19周龄末自然光照时间而定。随着第133天自然光照增长，适当增加第3～19周龄的光照时间。从第20周龄开始进行光照刺激直到第27～28周龄达到最大光照时数16～17小时。

（3）育雏、育成以及产蛋期均在开放式鸡舍 在这种情况下，光照程序应分为顺季和逆季。所谓顺季是指在育成后半期（第12周龄以后），自然光照逐步增加，鸡群在自然光照增加的情况下达到性成熟。所谓逆季是指在育成的后半期，自然光照逐步减少，鸡群在光照逐步降低情况下达到性成熟。对于顺季鸡群，育成期体重要沿着所推荐的标准体重下限走。如果没有推荐下限体重，那么按标准体重的95%计算。首次光照刺激应在第20周龄。对于逆季鸡群，育成期体重要走上限。首次光照刺激应在第18～19周龄进行。人工补光要注意提高光照度。

152. 怎样检查肉种鸡的育成效果？

①检查育成鸡的体重是否保持在标准的范围内。在进入产蛋期时，初产母鸡的体重在全群平均体重的10%以内。

②检查性成熟的时间是否符合标准日龄。

③检查鸡群的健康程度。

④检查公鸡的种用性能，育成的公鸡应具有活跃的气质、强壮的体格，在繁殖时具有较高的受精率。

153. 产蛋高峰饲料喂量怎样确定？怎样加料？

（1）喂量的确定 产蛋高峰料量的多少受多方面因素的影响，如饲料中能量水平、饲料质量、气候条件、鸡舍温度、鸡群的体重曲线（顺季鸡群高峰料量要比逆季鸡群低），以及开产后产蛋率的日增加幅度等。一定要注意鸡舍温度对耗料量的影响，当舍内温度大于27℃时，每增加1℃，所需代谢能约下降20千焦；当温度小于20℃，温度每降低1℃，需增加约20千焦热能。一般情况下，产蛋高时母鸡日需代谢能量为1 800 ~ 2 100千焦。在标准配方的情况下，顺季鸡群（包括密闭式鸡舍的鸡群）饲喂量为160 ~ 165克/天，逆季鸡群饲喂量约为170克/天。

（2）高峰料量给予时间和方法

①按产蛋率：如从5%产蛋率以后，日产蛋率增加2.5%，而且鸡群均匀度又好，高峰料量一般在日产蛋率达35%时给予；如果鸡群开产后日产蛋率增长很慢，则要推迟高峰料量的给予时间，应在产蛋率达50%时给予高峰料量。

②按周龄：产蛋高峰料量一般在27 ~ 28周龄高峰前给予。通常有两种方法：

a.先确定产蛋高峰料量，再计算出高峰料量与20周龄给料量差值，然后将这个料量差除以到达给予高峰料量所需的周数，所得数量即为每周增加的料量。

b.从日产蛋率达5%开始，计算出预期高峰料量与产蛋率在5%时所给饲料量的差值，如果在40%产蛋率时给高峰料量，则用差值除以7，所得数为以后产蛋率每增加5%需增加的饲料量。

154.怎样做好种公鸡的饲养管理？

（1）种公鸡的选择　首先进行2月龄选择，将体质健壮、步态敏捷、羽毛生长快速的公鸡按母鸡的16%比例选留。4月龄时主要是检查其骨骼发育和雄性表现程度，选体躯长、脚腿高、雄性强、体格壮的留种，个别早熟的予以淘汰。6月龄时按品种标准观察测定毛色、冠、脚、胸、尾等特征，观其是否符合要求。

（2）种公鸡的饲养管理　公鸡最好是与母鸡分开饲养，其饲料蛋白质比母鸡略低1% ~ 2%、钙仍为1%左右；在任何情况下均不能给予高蛋白质、高能量的饲料，相反可适当采取限制饲养。然后进行种公鸡的选择。在育成阶段断趾，切去肉垂。严格执行种公鸡的防疫程序。

第四节 放牧肉鸡的饲养管理

155. 放养鸡的密度和规模如何控制?

养殖规模要与配套利用的资源条件相适应，若规模过大，超出了所承载资源的吸纳能力，反而不能体现应有的生态效果。放养密度按宜稀不宜密的原则掌握，一般林地放养密度50～150只/（亩*·年）。密度过大时生态环境易遭到破坏，草虫等生态饲料不足，需增加精料饲喂量，影响鸡肉、鸡蛋的口味；密度过小时，资源不能充分利用，生态效益低。放养规模一般以每群1 000～1 500只为宜，年饲养2～3批，采用全进全出制。

156. 怎样应对放牧饲养的室外环境温度变化大的问题?

根据放牧地饲料资源和鸡苗日龄综合确定放养时间，一般选择4月初至10月底放养，此期间林地杂草丛生，虫、蚁等昆虫繁衍旺盛，鸡群可采食到充足的生态饲料。11月至次年3月则采用圈养为主、放养为辅的饲养方式。

157. 放牧饲养时怎样进行调教与管理?

（1）放养调教 密切注意天气变化，遇到天气突变，下雨、下雪或刮大风前及时将鸡群赶回鸡舍，防止鸡受寒发病。放养初期每天放牧3～4小时，以后逐日增加放牧时间。在补料时，进行吹口哨、敲料桶等训练，使其形成条件反射，顺应人意。

（2）分群饲养 一般公雏羽毛长得较慢，争斗性较强，对蛋白

---

* 亩为非法定计量单位，1亩＝1/15公顷。——编者注

质饲料及其中的赖氨酸等利用率较高，因而增重快，饲料效率高。此外，公鸡个体壮，竞食能力强。而母鸡由于内分泌激素方面的差异，沉积脂肪能力强，因而增重慢，饲料效率差。公、母鸡分养，各自在适当的日龄上市，便于实行适宜不同性别的饲养管理制度，有利于提高整齐度和商品率。

（3）划分轮牧区 一般5亩林地（果园）划为一个牧区，三个牧区为一个饲养小区。每个牧区用尼龙网隔开，这样既能防止鼠、黄鼠狼和人携带的传染性病菌等对鸡群的侵害，有利于管理，又有利于食物链的建立。待一个牧区草虫不足时再将鸡群赶到另一个牧区放牧，公、母鸡最好分在不同的牧区放养。在养鸡数量少和草虫不足时期可不分区。

158. 生态肉鸡怎样饲养管理？

生态肉鸡饲养就是在天然草原、森林生态环境下，采取舍饲和林地放养相结合，以自由采食草原和林间昆虫、杂草（籽）为主，人工补饲配合饲料为辅，呼吸草原、林中新鲜空气，饮无污染的河水、井水、泉水，生产出绿色天然优质的商品肉鸡。

规模化生态肉鸡养殖要注意坚持饲料为主、放牧为辅的原则。肉鸡主要靠人为供给饲料，野外杂食只作为补充，因为放养鸡群大，而活动范围有限，所以鸡群不能得到足够的虫、草杂食，必须喂给一定量的能量、蛋白质混合饲料，才能保障鸡健康生长。放养鸡长期吃不饱，同样会出现啄羽、啄肛、脱毛、生长停滞、发育不良及产蛋停止等现象。

由于生态肉鸡养殖的品种多为优质地方鸡，生长速度较慢，故所用的饲料营养水平不宜过高。一般在雏鸡阶段使用无公害或绿色雏鸡配合饲料；在青年鸡、育成鸡阶段则按一定比例拌入玉米、稻谷、统糠、青菜叶等。为增加鸡肉的口感和风味，应适当延长饲养周期，公鸡4月龄、母鸡5月龄左右出栏，控制出栏时间，一般在接近性成熟时出栏品质最佳。

第五节 鸡群生产数据的管理

159. 鸡场日常生产事件记录和管理有哪些原则?

建立健全鸡场生产和管理档案，目的是为了更好、更准确地分析鸡场生产经营活动情况，帮助管理者改善生产，并有效地运用鸡场资源，增加生产和提高工作效率。日常的记录和管理要坚持以下原则。

(1)建档 雏鸡进舍后即建立档案，将每天各栏鸡只的增加、出售、死亡等数量及其重量、耗料量、疫苗和药物用量及其价格，购买杂物量及其金额，水电耗用量，人工费用与运输费开支等一一记录下来，直到该批鸡转出或出售时为止。

(2)记录 在设计鸡场记录表格时，要简便易行。要考虑记录下来的资料便于整理、归类、统计。所以，不同项目，如卖鸡数与耗料量，要分开记录、分别累计，最好每周小结一次，每批统计一次。小型鸡场采用流水式记录即可。

(3)设置记录计算指标 鸡场生产水平的高低取决于鸡种生产性能的优劣和饲养管理技术的好坏。养鸡场应该掌握每一个环节的生产水平，而生产水平通常反映在各种指标上，通过指标，可以全面掌握全场的生产情况。

(4)应有专职的记录员。

160. 怎样采集、分析和利用生产数据?

养鸡企业的规模越大，生产数据的采集也就越重要。但是，如何进行数据采集以帮助养鸡场进行正确和及时的决策呢？第一，数据采集必须保证真实性和准确性，不能乱写甚至捏造。第二，数据采集的样本大小要适当，如体重指标，对肉鸡来说，应根据鸡舍大小的不同，对25% ~ 50%的鸡进行称重，在抓鸡时，应将要抓的鸡圈起来以减少应激，还要在舍内不同的地方进行抓鸡，以便获得的样本能够对全舍的鸡具有代表性。第三，进行组织样本和血清样本采集时要正确标识、数量足够、时间准确和安全运输。第四，所采集的数据要有标准与之进行分析比较才是有用的。第五，必须对采集到的数据进行处理，并将信息图表化。如由数字表格形式处理成曲线图形式，便于更直观地观察其变化趋势。

通过生产数据的采集和分析，可得到其数据的变化趋势，为改进饲养管理技术、降低生产成本、提高企业经济效益提供了科学依据。如生产数据中饲料消耗量大，造成的原因可能是：饲料质量差；送料设备质量差，造成浪费；日粮不平衡；不适当的饲料储存；营养缺乏等。死淘率高，原因可能是：断喙不良，造成啄肛；饲养密度过高；疫病；鸡舍环境或条件不好（光照太强、有害气体含量过高、温湿度过低或过高）等。管理人员或技术人员可以根据以上数据逐一查找原因，进行整改，以便降低死淘率和饲料消耗，提高生产效率。

161. 鸡群生产数据统计有哪些分类？

在生产实践中，鸡群生产数据主要填报4个记录表。

①鸡群饲养生产记录表：记录鸡群存栏量、鸡群变动数、耗料量等，见表5-1。

表5-1 鸡群饲养生产记录表

圈舍号：　　　　　　　　　　　　　饲养品种：

日期月/日	日龄	存栏鸡数（只）	鸡群变动数（只）			耗料量		
			病	淘	死	总数（千克）	剩余量（克）	只均（克/只）

②产蛋期生产总表：记录产蛋鸡群存栏、耗料、蛋重的生产情况，见表5-2。

表 5-2　产蛋鸡群生产情况累计总表

圈舍号：　　　　品种：　　　　舍号：　　　　开产周龄：　　　　开产体重：公　母

日期	周龄	产蛋周龄	存栏鸡数（只）		死淘数（只）		存栏率（%）		周耗料（千克）		累计耗料（千克）		只料量（克）		产蛋周龄	实际体重（克）	蛋重（克）	周孵蛋数（个）	累计孵蛋数（个）	周产蛋数（个）	累计产蛋数（个）	入孵率（%）	产蛋率（%）	备注
			公	母	公	母	公	母	公	母	公	母	公	母										

③选种计划表：记录选种的时间、数量及后备鸡数等，见表5–3。

表5-3　选种计划表

圈舍号：　　　　饲养品种：　　　　进苗日期：

进苗日期	进苗品种	进苗数量	第一次选种		第二次选种		第三次选种		后备鸡只数
			选种时间	选留数量	选种时间	选留数量	选种时间	选留数量	

④饲养环境控制数据：记录室内外温度、湿度等，见表5–4。

表5-4　室内外温度、湿度记录表

圈舍号：　　　　饲养品种：

日期	温度（℃）						相对湿度（%）					
	室内			室外			室内			室外		
	6:00	14:00	20:00	6:00	14:00	20:00	6:00	14:00	20:00	6:00	14:00	20:00

162. 数据管理方式有哪些?

数据管理目前可分为人工管理、文件管理、数据库管理三种形式，是随着管理数据的增加而逐步升级的。

（1）人工管理　20世纪70年代中期以前，计算机仍未普及，养殖企业规模不大，所收集的数据仅仅停留在报表和生产记录的阶段，不能长期保存，且不能共享。

（2）文件管理　20世纪70年代至80年代中期，计算机开始应用于数据管理方面，收集到的较多、较全面的数据可进行软件分析和管理，此时数据可以长期保存，有简单的逻辑分析和判断，但数据共享能力差，且不具有独立性。文件管理是目前小规模养殖场普遍采取的管理方式。

（3）数据库管理 计算机管理的对象规模越来越大，随着养殖产业的迅速发展，数据量急剧增长，同时对多种应用、多语言互相覆盖的共享数据集合的要求越来越强烈，数据库技术便应运而生。目前可实现实时远程监控和控制养殖场温湿度、光照、氨气浓度等方面的管理，也可满足养殖产品的可追溯要求。

第六章　肉鸡生产生物安全体系

第一节　生产生物安全体系的建立

163. 什么是生物安全体系?

畜牧业生物安全体系，是世界畜牧业发达国家兽医专家学者和动物养殖企业经过数十年科学研究和对生产实践经验不断总结，提出的最优化、全面的畜牧生产和动物疫病防治系统工程。重点强调环境因素在保证动物健康中所起的决定性作用，使动物生长处于最佳状态的生产体系中，发挥其最佳的生产性能，并最大限度地减少对环境的不利影响。在实际生产中，畜牧业生物安全是指所有能避免引起动物疾病或人畜共患传染病的病原微生物入侵动物群的管理措施。在动物疫病威胁日益严重的新形势下，重新认识畜牧养殖场生物安全体系有着重要的现实意义。

164. 推行肉鸡生产生物安全有哪些措施?

强化生物安全，加强饲养管理，是规模化肉鸡饲养企业当前工作的重中之重。具体措施如下：

（1）实行全进全出制饲养　当前应用较多的肉鸡饲养“公司+农户”模式，多以家庭为饲养单位，自主性较强，难以执行全进全出，造成同一种疾病在场中交叉感染严重，群发病绵延不断，难以控制，特别是如果发生了烈性传染病，给扑灭工作带来相当难度，因此在此种模式下饲养肉鸡应充分发挥公司的协调指导作用，采取强制手段，坚持做到全进全出制饲养，确保防疫安全。

（2）强化防疫意识 养殖户饲养防疫意识差，技术措施贯彻不力，传统观念严重，多以经验办事，影响技术措施推广，往往在防疫治病过程中自作主张，认为只要能“长好”就行，尤其在鸡场消毒方面舍不得投入，门前消毒池形同虚设，饮水消毒浓度多以估计为准；平时互相串舍，毫无封闭饲养意识。在实际工作中，应针对养殖户流动性大的特点，随时做好养殖户的技术培训工作，使生物安全意识在鸡场扎根，建立免疫跟踪档案，确保肉鸡免疫程序的认真执行。

（3）正确使用药物 有些养殖场为贪图便宜，从非正规渠道购入伪劣药品；或者在治病过程中，盲目用药，中毒时有发生，抗药性产生更不用说，给今后的治疗用药带来困难，因此指导饲养户正确使用药物，应是公司技术人员的主要工作之一。

农业部规定的允许使用的药物和禁止使用的药物及其他化合物分别见附录1和附录2。

（4）加强养殖场的生物安全 以“公司+农户”模式饲养肉鸡，养鸡场由于受到各种条件的制约，对烈性传染病的控制基本上依赖疫苗免疫，因此多数情况下，烈性传染病难以有效控制，即使再好的疫苗，如没有严格的生物安全措施都难以产生应有效果，因此加强养殖场生物安全措施显得极为重要。

（5）减少交叉污染 肉鸡饲养过程中，公司向养殖户提供苗、饲料、兽药、屠宰加工一条龙服务，养殖户来往于孵化厂、饲料厂、兽医站、冷冻加工厂，如某饲养户的肉鸡发生了烈性传染病，极易造成严重的交叉感染。因此，公司的以上各个单位，必须加强卫生消毒工作，厂门前消毒应保持安全有效，进出的车辆应严格消毒，特别是冷冻加工厂的拉车笼出没于各个场，每次使用后应彻底清洗、严格消毒后方可出厂。坚决杜绝交叉污染，是控制烈性传染病发生的一个必不可少的关键措施。另外，决不可贪图小利，场内应严禁贩卖死鸡的小贩子入内。小贩专司贩卖病、死畜禽，走户窜场，是严重的带毒、带菌者，因此对此类小贩态度应坚决，否则将会带来严重后果。

（6）**做好种禽净化**　做好种群沙门氏菌和传染性白血病净化工作，确保供应合格的苗，是养好肉鸡的关键。种鸡群无沙门氏菌是保证鸡苗健康的一个基础，因此种鸡场应做好种鸡的沙门氏菌净化工作，父母代种鸡可采用定期检测和药物净化的方式，努力降低其沙门氏菌阳性率。一般使用药物2～3个疗程后，可基本把沙门氏菌阳性率控制在3%左右。

（7）**及时扑灭疫情**　对发生了烈性传染病的鸡场应采取果断措施，及时清除疫点，“公司+农户”的养殖户，其所饲养的肉鸡为私有，如发生烈性传染病如鸡新城疫（ND），饲养户舍不得处理，极易造成此类疾病在全场散播，造成更大的损失。针对此情况，在做好封锁、隔离消毒工作的前提下，向其讲明道理，大力动员发病养殖户，及时处理病群，清除疫点，扑灭烈性传染病的传播。

（8）**做好抗体监测工作**　抗体监测是确保新城疫、禽流感（AI）有效防制的科学手段之一，公司应对每一批放出的鸡苗的抗体情况做好监测工作，以便随时调整免疫程序，确保鸡群拥有较高和较一致的新城疫、禽流感抗体水平，抵抗现场病毒的侵袭。

（9）**提高人员素质**　饲养员的素质高低直接影响到肉鸡生产水平的发挥，新知识、新观念、新技术的领会与应用也与饲养员素质密切相关。因此，制定并健全一系列的规章制度，规范饲养员的操作及疾病防治工作，通过不断的培训，提高饲养员专业技术水平和对新技术的接受能力，是提高饲养水平的一个关键性措施。

165. 怎样建设鸡场生物安全体系？

现代养殖场需要全面、全方位地考虑，如果环境被病原微生物污染严重而得不到控制，良好的饲养管理措施不能严格执行，那么单纯依靠药物和疫苗并不能有效地保护鸡群。鸡群只有处在良好的环境中时，疫苗和药物才能发挥其有效作用。构建生物安全体系在硬件和软件上必须都要下工夫，凡是与鸡群相接触的人和物都是实施生物安全需要控制的对象，包括鸡舍、鸡、人员、饲料、饮水等方方面面，所以在做好硬件规划设计和建设基础上，需要制定严格的操作规程和管理制度，确保生物安全体系达到效果。

（1）硬件建设 主要是鸡场所在环境和鸡舍建设、鸡场选址和布局建设要科学规划，尽量远离其他养殖场和散养户，远离大的湖泊、水道、候鸟迁徙路径和公路。合理布局各功能区（生产区、管理区、病鸡隔离区），避免相互干扰和引起疾病传播。鸡场内部道路建设要严格区分清洁走道和污染走道。尽量密封排污管道。使用机械刮粪收集鸡粪时粪池要设计成密封的，以避免污染物外流且有利于粪便无害化处理。鸡舍的地面和墙壁要能耐受高压水的冲洗，要建设良好的防鼠、防虫和防鸟的安全措施。现代化的鸡舍是全封闭式的，能控温控湿、纵向通风、机械除粪、自动消毒等。

（2）软件建设

①人的因素：强调人的主动性，强调人对整个养鸡生产环境的控制，而不仅仅局限于对单个鸡及鸡群的管理与控制；同时强调对人员的管理，这些人员包括场主、管理人员、一线工人、服务人员、运输人员、邻居、合同工、来访者及其他相关人员，必须加强培训使每个人认识到生物安全的重要性，使他们认识到生物安全是预防疾病、减少疾病危害的有效手段。

②规章制度：制定各项规章制度，主要包括消毒池管理制度、人员进出的规章制度、鸡舍内清洁卫生消毒制度、车辆消毒制度、工具消毒制度、垫料消毒制度、病鸡隔离制度和病死鸡无害化处理制度等，鸡场员工应主动、认真执行制定的规章制度。

③饲养管理：加强饲养管理，尽量避免不同品种的鸡混合饲养，尽可能采用全进全出饲养模式，控制饲养密度，供应营养均衡的全价饲料，避免饲喂霉变或有毒素的饲料，减少或避免各项应激因素。最基本层次，是整个疾病预防与控制计划的基础，包括场地选择、操作区域及不同鸡品种的隔离、生物密度的降低和野生鸟类的驱除。

第二节　消毒技术

166.什么是消毒？消毒和灭菌、防腐有什么区别？

消毒是利用化学品或其他方法消灭大部分微生物，使常见的致病细菌浓度减少到安全的水平以下。用于消毒的化学药物称为消毒剂。消毒和灭菌、防腐、无菌是有区别的：灭菌是指把物体上所有的微生物（包括细菌芽孢在内）全部杀死的方法，通常用物理方法来达到灭菌的目的；防腐是指防止或抑制微生物生长繁殖的方法，用于防腐的化学药物称为防腐剂；无菌是不含活菌的意思，是灭菌的结果，防止微生物进入机体或物体的操作技术称为无菌操作。

167.消毒的方法有哪些？

常用的消毒方法有物理法和化学法。

（1）物理消毒法　主要有紫外线消毒法、微波法、热消毒法、电离辐射法等。最常用的物理消毒方法是紫外线消毒法和热消毒法。

（2）化学消毒法　是指利用化学药物杀灭病原微生物的方法。理想的化学消毒剂应具备以下条件：易溶于水，性质稳定，使用浓度低，作用速度快，杀菌广谱，可在低温下使用，不易受有机物、酸、碱及其他物理、化学等因素的影响，无色、无味，消毒后易于除去残留药物，无毒或毒性低，使用无危险，价格低廉，对物品无腐蚀性，便于运输，可以大量供应等。

多年来，国内外研究者虽对消毒剂进行了广泛的研究，但至今为止仍没有发现一种能满足上述所有条件的理想消毒剂。因此，在使用消毒剂的时候根据每一种消毒剂针对的病毒或细菌的种类不同，一般选择互补性的几种消毒剂交替使用，这样能够避免单一一种消毒剂对某些病毒或细菌杀灭效果不强，或者容易形成耐药性的结果。相对而言，二氧化氯消毒剂是目前最符合理想消毒剂的种类，也是目前国际上第四代消毒剂。

168. 鸡场消毒包括哪些方面？

（1）人员消毒　非生产人员严禁进入场区，饲养人员及上级业务人员检查必须进入场区时，必须按消毒程序严格消毒：更衣、换鞋、喷雾和紫外线灯照射消毒后，方可进入。

（2）环境消毒　鸡舍周围环境每2～3周用2%火碱消毒或撒生石灰1次；场周围及场内污水池、排粪坑、下水道出口，每月用漂白粉消毒1次；大门口、鸡舍入口消毒池要定期更换消毒液（图6–1）。

图6–1　消毒方式

（3）鸡舍消毒　每批商品鸡调出后，要将鸡舍彻底清扫干净，用高压水枪冲洗，然后喷雾消毒或熏蒸消毒。间隔5～7天，方可放入下批新鸡。

（4）带鸡消毒　定期进行带鸡消毒，有利于减少环境中的病原微生物。可用于带畜消毒的消毒药有：0.1%新洁尔灭、0.3%过氧乙酸、0.1%次氯酸钠。（具体操作方法见172问）

（5）用具消毒　定期对保温箱、补料槽、饲料车、料箱、针管等进行消毒，可用0.1%新洁尔灭或0.2% ~ 0.5%过氧乙酸消毒，然后在密闭的室内进行熏蒸。

（6）储粪场消毒　粪便要运往远离场区的储粪场，统一在硬化的水泥池内堆积发酵后，出售或使用。储粪场周围也要定期消毒，可用2%火碱或撒生石灰消毒。

（7）病尸消毒　鸡病死后，要进行深埋、焚烧等无害化处理。同时立即对其原来所在的圈舍、隔离饲养区等场所进行彻底消毒，防止疫病蔓延。

需要注意的是，无论选择哪种消毒方式，消毒药物都要定期更换品种，交叉使用，这样才能保证消毒效果。

169. 鸡场常用的消毒药品如何分类？有何特点？

（1）按杀菌能力分类　根据化学消毒剂对微生物的杀菌能力，可将消毒剂分成高效、中效、低效三个类别。

①高效消毒剂：指可杀灭一切微生物，包括细菌、真菌、细菌芽孢、病毒的消毒剂。例如二氧化氯、戊二醛、过氧化氢等。这类消毒剂也被称为灭菌剂。

②中效消毒剂：指不能杀死细菌芽孢，但能杀死细菌繁殖体、真菌和大多数病毒的消毒剂。例如乙醇、氯制剂、煤酚皂溶液等。

③低效消毒剂：指可杀灭多数细菌繁殖体、部分真菌和病毒，但不能杀灭细菌芽孢、结核杆菌以及某些真菌和病毒的消毒剂，如氯苯双胍已烷、新洁尔灭等。

（2）按化学特性分类　根据消毒剂的化学特性，化学消毒剂可分为七大类，各有不同的杀菌机理和特点。

①氧化类消毒剂：杀菌机理是释放出新生态原子氧、氧化菌体中的活性基团；杀菌特点是作用快而强，能杀死所有微生物，包括细菌芽孢、病毒。以表面消毒为主。如二氧化氯、过氧化氢、臭氧等。该类消毒剂为灭菌剂。

②醛类消毒剂：杀菌机理是使蛋白质变性或烷基化；杀菌特点是对细菌、芽孢、真菌、病毒均有效。但受温度影响较大。如甲醛、戊二醛等。该类消毒剂可做灭菌剂使用。

③酚类消毒剂：杀菌机理是使蛋白质变性、沉淀或使酶系统失活；杀菌特点是对真菌和部分病毒有效。

④醇类消毒剂：杀菌机理是使蛋白质变性，干扰代谢；杀菌特点是对细菌有效，对芽孢、真菌、病毒无效。如乙醇、乙丙醇等。该类消毒剂为中效消毒剂，只能用于一般性消毒。

⑤碱、盐类消毒剂：杀菌机理是使蛋白质变性、沉淀或溶解；杀菌特点是能杀死细菌繁殖体，但不能杀死细菌芽孢、病毒和一些难杀死的微生物。杀菌作用弱，有强腐蚀性。如硝酸、氯氧化钠（火碱）、食盐等。只能作为一般性预防消毒剂。

⑥卤素类消毒剂：杀菌机理是氧化菌体中的活性基因，与氨基结合使蛋白质变性；杀菌特点是能杀死大部分微生物。以表面消毒为主，性质不稳定，杀菌效果受环境条件影响大。如次氯酸钠、“84”消毒液等。该类消毒剂为中效消毒剂，可以作为一般消毒剂使用。

⑦表面活性剂类消毒剂：杀菌机理是改变细胞膜透性，使细胞质外漏，妨碍呼吸或使蛋白酶变性；杀菌特点是能杀死细菌繁殖体，但对芽孢、真菌、病毒、结核病菌作用差。碱性、中性条件下效果好，如新洁尔灭、百毒杀等。该类消毒剂为中低效消毒剂，可以作为一般消毒剂使用。

170. 消毒药品的使用应注意哪些问题？

（1）消毒剂种类 根据各类消毒剂产品的特点、消毒要求（灭菌或预防消毒）、工艺或设备特点等来正确选择消毒剂的种类。因此在选用消毒剂时要考虑到消毒剂安全性能，首选无毒、无残留、无腐蚀的消毒剂；其次是杀菌效果，最好是高效广谱类消毒剂；再次是考虑使用成本、使用方便性等因素。

（2）使用浓度 不同的消毒剂都有一个适用的浓度范围，在这个浓度范围内，不同浓度所需的杀菌时间和杀菌效果是不同的。如酒精，其有效的杀菌浓度是30%～90%，但最佳是75%。

（3）消毒时间 消毒的作用时间是消毒剂使用剂量的重要组成部分之一，不得任意改变。高浓度时可适当缩短消毒时间，但所有的消毒时间的变更都要有实验作为基础。

（4）避免消毒液被污染 消毒液经长期或频繁使用，都有可能滋生微生物，特别是中效或低效消毒剂，因此消毒液最好现配现用。

（5）消毒前准备工作 消毒前应将物品清洗干净，然后再进行消毒，否则会降低消毒效果。

171. 为什么要进行带鸡消毒？

（1）杀灭鸡舍内病原菌 传染病发生的首要条件就是环境中存在一定含量的致病病原，因此控制传染源是疾病防控的关键工作之一。带鸡消毒能有效杀灭致病病原，每天通过带鸡消毒减少舍内病原微生物含量，使其维持在无害的水平范围内，避免疾病在群间传播。

（2）提高舍内空气质量 舍内通常粉尘较大，易诱发呼吸道疾病。带鸡消毒时，水雾可以加速悬浮在空气中的尘埃等固形物凝集沉降，使舍内地面、笼架、设备等粉尘源得到控制，减缓粉尘继续产生，达到净化空气的目的。

（3）舍内环境加湿降温 冬、春季节空气干燥，带鸡消毒可以增加空气湿度，消毒液不断蒸发到空气中，补充舍内水气，能缓解干燥的空气对鸡只呼吸道黏膜的损伤；夏季高温，通过带鸡消毒，能有效降低舍内设备和环境的温度，利用鸡只体表消毒液的传导和蒸发，达到为鸡只降温的作用。

172. 怎样进行带鸡消毒？

（1）消毒前准备 带鸡消毒前一定要清扫舍内卫生，以发挥理想的消毒效果。环境过脏，存在的粉尘、粪污等污染物将会大量消耗消毒液中的有效消毒成分，减少消毒药的药效发挥。

（2）消毒液的配制 消毒药的用量按相关使用说明的推荐浓度与需配制的消毒药液量计算，用水量根据鸡舍的空间大小估算。不同季节，消毒用水量应灵活掌握，一般每立方米需要50 ~ 100毫升水，天气炎热干燥时用量应偏多，按上限计算；天气寒冷或舍内环境较好时用量偏少，按下限计算。

（3）消毒顺序 带鸡消毒按照从上至下，从进风口到排风口的顺序，从上至下即从房梁、墙壁到笼架，再到地面消毒；从进风口到排风口，即顺着空气流动的方向消毒。重点对通风口和通风死角严格消毒，此处容易被污染，又不易清除，是控制传染源的关键部位（图6–2）。

图6–2 带鸡消毒设备

（4）消毒时间 每天的11:00 ~ 15:00气温高时适合带鸡消毒。要具体结合舍温情况，灵活掌握消毒时间，舍温高时，放慢消毒速度、延长消毒时间，发挥防暑降温作用；舍温低时，加快消毒速度、缩短消毒时间，减小对鸡只的冷应激。

（5）消毒方法 消毒降尘时，水雾应喷洒在距离顶笼饲养鸡只1米处，消毒液均匀落在笼具、鸡只体表和地面，鸡只羽毛微湿即可；消毒物品时，可直接喷洒，如地面、墙壁、房梁、饮水管与通风小窗，注意不能直接对鸡只和带电设备喷洒。消毒后应增加通风，以降低湿度，特别在闷热的夏季更有必要。

（6）消毒频率 雏鸡自身抵抗力差，每天需要带鸡消毒2次；育成鸡和蛋鸡根据舍内环境污染程度，每天或隔天消毒1次。在用活苗接种前后24小时之内禁止带鸡消毒，否则会影响免疫效果。

第三节 免疫接种技术

173.什么是免疫接种？有哪些免疫方式？

免疫接种是用人工方法将免疫原或免疫效应物质输入到机体内，使机体通过人工自动免疫或人工被动免疫的方法获得抵御某种传染病的能力。用于免疫接种的免疫原（即特异性抗原）、免疫效应物质（即特异性抗体）皆属生物制品。

（1）人工自动免疫 是指以免疫原物质接种鸡只个体，使其产生特异性免疫。免疫原物质包括处理过的病原体或提炼成分及类毒素。其制剂可分为：

①活菌（疫）苗：由免疫原性强而毒力弱的活菌（病毒或立克次体）株制成。将免疫性强的活细菌（病毒等）灭活制成。也有将菌体成分提出制成的多糖体菌苗，如流行性脑膜炎球菌多糖体菌苗，其免疫效果较一般菌苗为好。

②死菌（疫）苗、类毒素：是将细菌毒素加甲醛去毒，制成无毒而又保留免疫原性的制剂。

优点是无须减毒，生产过程较简单，含防腐剂，不易有杂菌生长，易于保存；缺点是免疫效果差，接种量大。

（2）人工被动免疫 以含抗体的血清或制剂接种鸡只，使鸡群获得现成的抗体而受到保护。被动免疫由于抗体半衰期短，因而难保持持久而有效的免疫水平。免疫血清：用毒素免疫动物取得的含特异抗体的血清，又称抗毒素。由于免疫血清含有大量异体蛋白，容易引起过敏反应，可以提出其有效免疫成分丙种球蛋白，可减少过敏反应的发生。免疫血清主要用于治疗，也可作紧急预防使用。

174. 什么是兽用生物制品？有哪几类？

兽用生物制品指以天然或人工改造的微生物（细菌、病毒、衣原体、钩端螺旋体等）及其代谢产物、寄生虫、动物血液或组织等为原材料，采用生物学、分子生物学或生物化学等相应技术制成的生物制剂，用于预防、治疗或诊断畜禽疫病。

按照性质和制作可分为疫（菌）苗、类毒素、抗血清、诊断制剂和微生态制剂等。按照作用用途分为预防、诊断和治疗用生物制品。

国家对兽用生物制品的使用分为国家强制免疫计划所需兽用生物制品和非国家强制免疫计划所需兽用生物制品。国家强制免疫用生物制品名单由农业部确定并公告。

175. 什么是传统疫苗？传统疫苗包含哪几种主要类型？

传统疫苗是指以传统的常规方法，用细菌、病毒培养液或含毒组织制成的疫苗。传统疫苗在防治畜禽传染病中，起到重要的作用。我们目前所使用的疫苗，主要是传统疫苗。传统疫苗包括如下主要的类型：

（1）灭活疫苗 又称死疫苗，以含有细菌或病毒的材料利用物理或化学的方法处理，使其丧失感染性或毒性而保持有良好的免疫原性，接种动物后能产生主动免疫或被动免疫。灭活疫苗又分为组织灭活疫苗、培养物灭活疫苗。此种疫苗无毒、安全、疫苗性能稳定，易于保存和运输，如流感灭活疫苗。

（2）弱毒疫苗 又称活疫苗，是微生物的自然强毒通过物理、化学方法处理和生物的连续继代，使其对原宿主动物丧失致病力或只引起轻微的亚临床反应，但仍保存良好的免疫原性的毒株，用以制备的疫苗。此外，从自然界筛选的自然弱毒株，同样可以制备弱毒疫苗，如鸡传染性法氏囊病弱毒疫苗。

（3）单价疫苗 利用同一种微生物菌（毒）株或一种微生物中的单一血清型菌（毒）株的增殖培养物所制备的疫苗称为单价疫苗。单价苗对相应的单一血清型微生物所致的疾病有良好的免疫保护效能。

（4）混合疫苗 即多联苗，指利用不同微生物增殖培养物，根据病性特点，按免疫学原理和方法，组配而成。接种动物后，能产生对相应疾病的免疫保护，可以达到一针防多病的目的，如新城疫－传染性支气管炎－减蛋综合征三联苗（简称新支减三联苗）。

（5）多价疫苗 同一种微生物中若干血清型菌（毒）株的增殖培养物制备的疫苗。多价疫苗能使免疫动物获得完全的保护，如禽流感二价苗。

（6）同源疫苗 利用同种、同型或同源微生物制备的，而又应用于同种类动物免疫预防的疫苗，如预防炭疽用的疫苗。

（7）异源疫苗 利用不同种微生物菌（毒）株制备的疫苗，接种后能使其获得对疫苗中不含有的病原体产生抵抗力（如兔纤维瘤病毒疫苗能使其抵抗兔黏液瘤病），或用同一种中一个型（生物型或动物源）微生物种毒制备的疫苗，接种动物后能使其获得对异型病原体的抵抗力（如牛、羊接种猪型布鲁氏菌病弱毒菌苗后，能获得牛型和羊型布鲁氏菌病的免疫力），如兔纤维瘤病毒疫苗、猪型布鲁氏菌病弱毒菌苗。

（8）抗独特型疫苗 根据免疫系统内部调节的网络学说原理，利用第一抗体分子中的独特型抗原决定位（簇）制备的疫苗，免疫后可引起体液和细胞性免疫应答，能抗拒病原的感染。

（9）基因工程苗 利用基因工程技术制取的疫苗，包括亚单位疫苗、活载体疫苗、核酸疫苗及基因缺失苗。

①亚单位疫苗：微生物经物理、化学方法处理，去除其无效物

质，提取其有效抗原部分（如细菌荚膜、鞭毛，病毒衣壳蛋白等）制备的疫苗，如猪大肠杆菌菌毛疫苗、流感疫苗。

②活载体疫苗：应用动物病毒弱毒或无毒株如痘苗病毒、疱疹病毒、腺病毒等作为载体，插入外源抗原基因构建重组活病毒载体，转染病毒细胞而产生的活载体疫苗，如狂犬病活载体疫苗。

③核酸疫苗：应用一种病原微生物的抗原遗传物质，经质粒载体DNA接种给动物，能在动物细胞中经转录转译合成抗原物质，刺激动物产生保护性免疫应答，如T淋巴细胞瘤核酸疫苗。

④基因缺失苗：应用基因操作，将病原细胞或病毒中与致病性有关物质的基因序列除去或失活，使之成为无毒株或弱毒株，但仍保持免疫原性（如猪伪狂犬病基因缺失苗）。在养殖生产中，常用的疫苗主要有新城疫Ⅰ系、Ⅱ系、Ⅲ系、Ⅳ系疫苗，鸡痘弱毒疫苗，马立克氏病弱毒疫苗，传染性支气管炎弱毒疫苗，法氏囊病弱毒苗，禽霍乱弱毒菌苗等。

176.疫苗的储藏和运输有哪些注意事项？

一般情况下，疫（菌）苗保存期越长，病毒（细菌）死亡越多，因此要尽量缩短保存期限。疫苗在运输及保存过程中应尽量避免由于温度忽高忽低而造成的反复冻融，降低效价或失活。疫苗的运输与保存温度与外界环境温度之差不超过8℃时，可常规运输；当超过8℃，需冷藏运输，可用保温箱或保温瓶加冰块，避免阳光照射。通常弱毒活苗需冷冻保存，灭活苗2～8℃保存，不得冻结。

177.制订并完善免疫程序的依据是什么？

我国幅员辽阔，免疫程序情况千差万别，不可能有一个可以适合全国不同地区、不同类型场（舍）的统一的免疫程序。有条件的地区可根据免疫原则充分衡量利弊，制订适合本地各类群的最佳免疫程序，也可以选择与本地（群）情况近似的免疫程序试用，在实施中进行免疫监测并考查其综合效益，总结经验，不断调整完善，以选择出适宜的、合理的免疫程序。本书推荐免疫程序详见附录3。

一个好的免疫程序不仅要具有严密的科学性，而且还要考虑在生产实践中实施的可行性。因此，必须充分考虑下列因素作为制订免疫程序的依据。

（1）本地区禽病疫情　免疫的疫病种类应包括可能在本地暴发及流行的主要疫病，如刚流行过的疫病或正在附近场流行的疫病等。对于我国养禽业来说，重要的家禽传染病如马立克氏病、新城疫、传染性法氏囊病、传染性支气管炎、传染性喉气管炎、减蛋综合征等在我国大部分的地区广为流行，且难以及时治愈，因此应将以上疾病的免疫纳入免疫程序中。

（2）本场病史　依据本场的禽病史以及目前仍威胁本场的主要传染病制订重要防控疾病免疫程序。

（3）用途和饲养阶段　因所养家禽的用途及饲养时期不同，接种疫苗的种类各有侧重。

（4）母源抗体水平的影响　这一点在选择马立克氏病、新城疫和传染性法氏囊病活疫苗时应认真考虑。

（5）家禽种类　不同种类的家禽对某些疾病抵抗力有差异。如肉种鸡对病毒性关节炎的易感性要比蛋鸡高，因此，应将该病列入肉种鸡的免疫程序中。

（6）疫苗接种日龄与家禽易感性的关系　例如1～3日龄雏鸡对马立克氏病的易感性最高，因此，必须在雏鸡出壳后24小时内完成马立克氏病疫苗接种。

（7）用药途径　同一疫苗的不同途径，可以获得截然不同的免疫效果。例如新城疫低毒力活疫苗Lasota弱毒株滴鼻或点眼所产生的免疫效果是饮水免疫的4倍以上；又如传染性法氏囊病活疫苗的毒株具有亲嗜肠道、在肠道内大量繁殖这一特性，因而其最佳免疫途径是滴口或饮水；再如鸡痘活疫苗的免疫途径是刺种，而采用其他途径免疫时，效果极差甚至带来一定的副作用。

（8）**毒力强弱** 同一种疫苗应根据其毒株毒力强弱不同，应先弱后强免疫接种，如对传染性支气管炎的免疫，首免应选用毒力较弱的H120株，二免应选用毒力相对较强的H52株；对传染性法氏囊病的免疫则采用先弱后中等毒力毒株。

（9）**免疫季节** 很多疫病的发生具有明显的季节性，如肾型传染性支气管炎多发于寒冷的冬季，因此冬季饲养的鸡群应选择含有肾型传染性支气管炎病毒弱毒株（Ma5株、28/86）的疫苗进行免疫。

（10）**混合接种** 对于难以控制的传染病如新城疫、传染性支气管炎，应考虑使用活疫苗和灭活疫苗同时接种，取各自所长，才能有效控制疫病的发生。

（11）**血清型选择** 根据流行病学特点，有针对性地选用同一血清型或亚型的疫苗毒株。

（12）**避免相互干扰** 合理安排不同疫苗的接种时间，尽量避免不同疫苗毒株间的干扰。

（13）**剂量** 根据疫苗产品质量，确定合适的免疫剂量或疫苗稀释量。

（14）**免疫程序修改** 根据免疫监测结果及多发疾病流行特点，对免疫程序及时进行必要的修改和补充。

178. 导致肉鸡免疫失败的因素有哪些？

鸡群虽然接种了疫苗，但由于体内已潜伏有病原微生物或其他因素的影响，导致机体不能产生足够的免疫力又恰遇疫病流行，引起发病。免疫失败的主要因素有：

（1）**潜伏期** 免疫接种时有的鸡已处于疾病的潜伏期，体内已潜伏有病原微生物，只是未表现出明显的临床症状，此时免疫容易失败。

（2）**疫苗质量** 疫苗质量不高、保存不当导致免疫效果不好。所以应到正规经销厂家购买具有厂家名称、地址、批号、有效期和物理性状使用方法等标注齐全的疫苗。疫苗保存温度非常重要，严格按说明要求保存和运输。

（3）鸡群抗病力 如发生过法氏囊病或使用过中强毒的法氏囊病疫苗，引起法氏囊萎缩，导致抵抗力下降和其他疾病的发生。

（4）其他药物 免疫前后水槽或料槽中有消毒药残留或抗病毒药品，某些激素制剂、抗球虫药及磺胺类药均可导致免疫失败。

（5）免疫方法 免疫接种时方法不当，如饮水免疫的水量过多，淹过鼻孔。

（6）饲料品质 饲料或饲料原料发霉变质，造成霉菌毒素中毒，导致免疫失败或者效果不佳等。

第四节 疾病给药

179.肉鸡用兽药怎样分类？各有什么作用？

（1）按来源分

①天然药物：指未经加工或仅仅经过简短加工的物质，包括植物药、动物药、矿物药。

②化学合成药：如安乃近。

③生化药品：如抗生素。

（2）按作用分 抗生素、抗寄生虫药、消毒防腐药、解毒药、麻醉药、解热镇痛药、止痢药、催吐药、止吐药、止血药、健胃药、泻药、中枢兴奋药、强心药、祛痰药、平喘药、利尿药、激素药等。

（3）按剂型分 液体或半液体剂型、固体剂型、半固体剂型、气体剂型。

①注射剂：分注射粉针和注射针剂，指可注射药物经过严格消毒或无菌操作制成的水溶液、油溶液、混悬剂、乳剂或粉剂。

②溶液剂：又称口服液，指非挥发性药物的澄明水溶液，可供注射、内服或外用。

③散剂：又称粉剂，是将一种或多种粉碎药物均匀混合而制成的干燥粉末状剂型，可供内服或饮水。可分可溶性粉、预混剂、中药散剂等。

④片剂：是将一种或多种药物与适量的赋形剂混合后，用压片机压制成扁平或两面稍凸起的小圆形片状制剂。可分为糖衣片、肠溶片、植入片等。

⑤丸剂：是将一种或多种药物与适量的赋形剂混合而制成的球形或椭圆形的干燥或呈湿润状的内服固体剂型。

⑥气雾剂：将药物与抛射剂共同封装于具有阀门系统的耐压容器中，使用时掀开阀门系统，借抛射剂的压力将药物喷出的剂型。供吸入给药、皮肤黏膜给药或空气消毒。

⑦软膏剂：将定量的药物与适宜基质如凡士林、油脂等均匀混合制成的具有适当稠度，易涂布于皮肤、黏膜上的半固体外用制剂，如鱼石脂软膏；有一些软膏虽应用于体表，但所含药物经透皮吸收后可引起全身治疗作用，又称透皮吸收软膏或透皮剂或涂皮剂。

⑧乳化剂：指油脂或其他不溶于水的物质加乳化剂，与水混合后制成的乳状混悬液，供内服的称乳剂，供外用的称搽剂。

⑨泼淋剂、胶囊剂、中药汤剂、酊剂、舔剂等。

⑩生物制剂：抗血清、菌（疫）苗、诊断液。

180. 养鸡场常用抗生素有哪些？

抗生素是针对细菌、病毒微生物的药物。包括青霉素类、头孢菌素类、氨基糖苷类、磺胺类、喹诺酮类以及碳青霉烯类等。抗生素的分类主要有以下几种：

（1）β－内酰胺类 青霉素类和头孢菌素类的分子结构中含有β－内酰胺环。近年来又新发展如甲砜霉素类、单内酰环类，β－

内酰酶抑制剂、甲氧西林类等。

（2）**氨基糖苷类**　包括链霉素、庆大霉素、卡那霉素、妥布霉素、阿米卡星、新霉素、核糖霉素、小诺霉素等。

（3）**四环素类**　包括四环素、土霉素、金霉素及多西环素等。

（4）**酰胺醇类**　如甲砜霉素等。

（5）**大环内酯类**　临床常用的有红霉素、吉他霉素、依托红霉素、乙酰螺旋霉素、麦迪霉素、交沙霉素等。

（6）**作用于革兰氏阳性菌的其他抗生素**　如林可霉素、盐酸克林霉素、万古霉素、杆菌肽等。

（7）**作用于革兰氏菌的其他抗生素**　如多黏菌素、磷霉素等。

（8）**抗真菌抗生素**　如灰黄霉素。

（9）**抗肿瘤抗生素**　如丝裂霉素、放线菌素D、博莱霉素、阿霉素等。

（10）**具有免疫抑制作用的抗生素**　如环孢霉素。

181.怎样科学使用抗生素？

在鸡的饲养中，如何正确使用抗生素防治疾病，是养殖成败的关键。某些抗生素，对畜禽疾病具有较强的特异性，能起到很好的治疗作用，低浓度时亦能抑制细菌的生长。但如果不了解各种抗生素的作用，盲目用药，使防治疾病的一些药物发生对抗作用，药效降低或丧失，贻误了病情，影响了畜禽的生长发育，甚至造成重大经济损失。因此，在使用抗生素时要注意以下问题：

（1）**掌握抗生素的用量和疗程**　在用量上要适当，用量太大，往往会产生毒副作用，造成畜禽中毒或肠道正常菌群失调；用量太小，畜禽体内药物达不到有效浓度，起不到治疗效果。一般对急症和严重症可适当加大初次剂量，然后按维持量使用，一般用药3～5天为一个疗程，病情稳定后可继续维持用药1～2天。

（2）**注意抗生素的耐药性**　细菌的种类不同，使用的抗生素亦不同，如革兰氏阳性菌引起的感染，可选用青霉素、红霉素、四环素类；革兰氏阴性菌引起的感染，可选用链霉素、氯霉素、庆大霉素等。所以畜禽一旦发生疾病，应查明症状，对症下药。但细菌之间又存在着耐药性问题，使用某种抗生素时间长，或疗程短、频繁更换品种及用量不足，致使病菌敏感性降低而形成耐药菌株，导致疫病复杂化，给治疗带来困难。有条件的地方最好以实验室诊断为依据，准确确定疫病的性质和感染程度，通过药敏试验筛选有效抗菌药物。

（3）了解抗生素联合应用的效果 有的抗生素联合应用起到协同作用，使疗效提高，如青霉素和链霉素、红霉素和氯霉素同用，可产生相加作用；但也有很多抗生素同用，出现配伍禁忌，导致不溶、变色、沉淀，甚至失去疗效，如青霉素不能与土霉素、维生素C及磺胺类药物同用；磺胺类药物不能与红霉素、北里霉素、四环素同用等。

（4）避免药物残留和环境污染 对畜禽使用抗生素后，抗生素不能被完全排出体外，在体内还有一定程度的残留，若长期大剂量地使用抗生素，使畜禽产品药残超标，产品质量安全受到影响，同时食品药残也造成环境污染，影响人体健康，所以在畜禽上市前2周应停止使用抗生素等其他药物。

182. 养鸡场常用抗寄生虫药有哪些？

由于寄生虫病多为混合感染，在驱虫时要根据情况选用适当的广谱抗寄生虫药或配合用药。多种驱虫药对机体有一定的毒副作用，驱虫剂量要准确。在第一次用药后，根据虫体的发育阶段选用药物，注意驱虫药的作用峰期，注意对虫卵和幼虫无效的药物。间隔一段时间做第二次驱虫。在短期内有计划地轮换使用几种抗寄生虫药，避免寄生虫对某一种药物产生耐药性。可在清晨饲喂前投药或投药前停饲1次。在进行大批驱虫治疗或使用数种药治疗混合感染时，可先以少数鸡试用，注意观察鸡群反应和药物效果，确保安全有效后再全面使用。抗寄生虫药包括抗原虫药、抗蠕虫药和外用杀虫药。磺胺类、呋喃类药物中的许多药品都有抗寄生虫作用。

（1）抗球虫药

①氨丙林：对柔嫩艾美耳球虫和堆型艾美耳球虫效果良好，作用高峰期在感染后第3天。

②磺胺喹恶啉、氯丙嗪、二硝苯酰胺：毒性较低，作用高峰期在感染后第3天。

③甲苄氧喹啉：主要作用于球虫第一代无性繁殖期，感染当天给药效果更好，抗球虫作用较强，毒性小，但易产生耐药性。

④乙羟喹啉：作用同甲苄氧喹啉，以每千克饲料拌入40毫克混饲给药。

⑤氯苯胍：作用高峰期在感染后第3天，毒性极低，但连续用药可使部分鸡产蛋有异味。产蛋不宜用，肉鸡宰前7天停药。

⑥氯羟吡啶：对球虫的作用较好，作用高峰期在感染后的第1天。

⑦尼卡巴嗪：对球虫的作用高峰期在感染后第4天。

（2）抗蠕虫药

①枸橼酸哌嗪：为白色结晶粉末，易溶于水，用于驱除蛔虫的成虫。

②左旋咪唑：广谱、高效、低毒，使用方便。对蛔虫、异刺线虫、鹅裂口线虫、毛细线虫、气管线虫、鸭绦虫均有效。对蛔虫的成虫及未成熟的虫体均有效。

③甲硝羟乙唑：用于治疗组织滴虫病。

④噻苯咪唑：为广谱、高效、低毒驱线虫药，对蛔虫、气管比翼线虫、毛细线虫等有效。除对成虫有效外，对在组织中移行的幼虫也有效，还可抑制虫卵的发育。

⑤噻嘧啶：驱蛔虫药。

⑥甲苯唑：广谱驱虫药，对线虫、绦虫有效。

⑦丙硫苯咪唑：广谱、高效、低毒驱虫药。对蛔虫、异刺线

虫、卷棘口吸虫、棘钩赖利绦虫、鹅剑带绦虫、膜壳科绦虫等有效。杀灭囊尾蚴的作用强，虫体吸收较快，毒副作用小，是治疗囊尾蚴的良好药物。

⑧硫化二苯胺：又称吩噻嗪，对异刺线虫的成虫防治效果好。

⑨氯硝柳胺：对多种绦虫和吸虫有效。

⑩吡喹酮：为广谱驱虫药，对血吸虫、绦虫效果较好。

⑪槟榔：所含槟榔碱有驱除绦虫的作用。

（3）杀体外寄生虫药

①敌百虫：有机磷杀虫剂，能杀死蜱、羽虱等体外寄生虫。

②蝇毒磷：杀虫范围广，对螨、蜱、虱等外寄生虫有效，对蛔虫和异刺线虫也有驱除作用。

③溴氰菊酯：用于杀灭蜱虱螨。

④氰戊菊酯：对多种体外寄生虫，如螨蜱蚤虱等有杀灭作用。

⑤氯氰菊酯：对多种体外寄生虫有杀灭作用。

第五节　兽药管理

183. 怎样建立完善的兽药采购程序和备案制度？

鸡场在进行兽药采购、保存、使用时必须严格按照《中华人民共和国进出口商品检验法》《兽药管理条例》《合同法》《兽药经营质量管理规范》等有关法律、法规和规章规定，依法采购。兽药必须从具有法定资格的合法企业购进，供货方应该有兽药生产（经营）许可证和营业执照，经营方式、经营范围与证照内容一致。

兽药采购基本程序是：鸡场药房仓管把所需采购药品的名称、数量、单位汇总——主管副总审批——药房仓管——采购部——招标供应商或生产厂家——药品到之后的检验、验收——入库——记录。同时进行药品购进、发放、使用等记录。药品购进主要记录购进日期、兽药通用名称、生产厂家、批准文号、生产批号、规格（含量）、包装规格、数量、有效期至、购货地点、购货人等信息备案；兽药发放时主要记录发放兽药通用名称、数量、生产批次、领用人等信息进行备案；兽药使用时主要记录用药开始日期、圈舍类别、日龄、用药鸡只数量、用药原因、兽药通用名称、生产厂家、生产批次、给药途径和剂量、停止用药日期、兽医签名等信息进行备案（表6–1，表6–2）。

表6–1　兽药购进记录

购进日期	兽药通用名称	生产厂家	批准文号	生产批号	规格（含量）	包装规格	数量	有效期至	购货地点	购货人

表6–2　兽药使用记录

用药开始日期	圈舍类别	日龄	用药鸡只数量	用药原因	兽药通用名称	生产厂家	生产批号	给药途径、剂量	停止用药日期	兽医签名

184. 兽药储存过程应该注意哪些问题?

（1）识别标识　不同区域、不同类型的兽药应有明显的识别标识，标识应当放置准确，字迹清楚，不合格兽药以红色字体标识；待验和退货兽药以黄色字体标识；合格兽药以绿色字体标识。三色标牌以底色为准，文字可以白色或黑色表示。

（2）分类存放

①按照品种、类别、用途等储存要求，分类、分区域或专库存放，不同性质的兽药不能混存、混放。

②内用兽药与外用兽药分开存放。

③易串味、危险等特殊兽药（麻醉、精神、毒性、放射性兽药

和易制毒化学品）与其他兽药分库存放。

（3）存放间距 兽药货架与厂库地面、墙、顶之间应保持一定间距。

185.怎样建立养殖用药档案?

从雏鸡进场开始就需要跟踪记录其免疫、诊治的所有信息，形成完整的鸡群（只）用药档案。

（1）免疫记录 主要包括免疫日期、圈舍类别、存栏数、实免数、免疫日龄、疫苗通用名称（指兽药典或农业部有关规定的疫苗通用名称全称）、生产厂家、疫苗批号、免疫途径、免疫剂量等信息，见表6–3。

表6-3 免疫记录

免疫日期	圈舍类别	存栏数	实免数	免疫日龄	疫苗通用名称	生产厂家	疫苗批号	免疫途径	免疫剂量

（2）疾病诊疗记录 圈舍类别、鸡只日龄、发病数量、病因、诊疗人员（单位和姓名）、用药名称（兽药通用名称）、用药方法（如内服、肌内注射、静脉注射等）、诊疗结果（治愈数）（表6–4）。

表6-4 疾病诊疗记录

圈舍类别	鸡只日龄	发病数量	病因	诊疗人员	用药名称	用药批号	用药方法	诊疗结果

第七章　肉鸡疾病的诊断

第一节　肉鸡疾病的临床检查与诊断

186. 肉鸡临床检查与流行病学如何分析?

肉鸡临床诊断首先应该了解病情和病史。这就需要对鸡场基本情况做一个全面的调查与分析，这是疾病诊断的重要环节。有些疾病，通过调查和了解几乎就可以确诊，比如，看到中毒剂量用药处方或饲料配方，基本上就可以确定有中毒可能。调查了解可以为疾病的诊断指明方向，例如在场中看到使用的失效疫苗或预防药物包装袋，明显有失误的免疫程序等。调查了解过程应在互相信任的氛围中轻松地交流，得到第一手的真实材料。在实际诊断中，需要详细调查了解以下内容：

（1）基本情况　养鸡场附近是否有新增养殖场、畜禽加工厂或畜禽市场；是否易受冷空气和热应激的影响；污水是否在场区停留；饲养种类，饲养量和品种来源；密闭式和开放式鸡舍如何通风、保温和降温，卫生状况如何，采用何种照明方式等。

（2）饲养方式　是地面平养、网上饲养还是笼养，平养的垫料是否潮湿，有无霉菌污染等；如何喂料、喂水、如何清理粪便和垫料等。

（3）饮水和饲料　饮水的来源和卫生标准，水源是否充足，是否存在缺水、断水的可能性；饲料是自己配置还是从饲料厂购买的全价配合饲料，饲料的有效期如何，有没有过期，是否有霉变结块等。

（4）**鸡群发病史及用药情况** 鸡场曾经发生过什么疾病，由什么部门进行过什么诊断，采取过什么治理措施，疾病预后情况如何等；本次发病的鸡的种类、数量、主要症状及病理变化，之前有没有做过诊断和治疗，用过何种药物，效果怎样等；本场曾经使用过何种药物，剂量和用药时间，是逐只投药还是群体投药，是采用什么方法投药的，用药效果怎么样，过去是否曾经使用过类似的药物，过去使用的药量和反应如何等；鸡群是否有放牧，放牧地是否放养过病鸡群，是否在近期内投放过农药等。

（5）**鸡场的免疫接种情况** 按免疫程序应接种的疫苗种类和时间，实际完成情况，是否有漏接种的情况；疫苗的菌株、来源、厂家、批号、生产日期、有效保存条件以及外观质量如何；疫苗在购买、转运和保存过程中是否存在错误；疫苗是否适合本地流行疾病情况；疫苗的使用方法是否正确，疫苗稀释量、稀释液种类及稀释方法是否正确，稀释后在多长时间内用完，操作时是否符合要求，采用了哪种接种途径，是否有漏接错接，免疫效果如何，是否对群体进行抗体监控，有什么可能引起免疫失败的原因等。

（6）**详细了解鸡群的生产记录** 鸡群饮水量变化、采食量变化、死亡数变化和淘汰数，育雏率，育成率，平均上市日龄体重、料肉比、种鸡成活率、体重、均匀度及与标准曲线的比较，母鸡开产日龄、开产体重、产蛋率、产蛋量、蛋重、蛋形、蛋品质，等等。

（7）**雏鸡的饲养管理** 雏鸡的饲养方式是多层笼养还是单层平养，保温采取烟道式还是水循环式，能量来源是煤、电还是柴油、汽油；种苗来源场是否在某种疾病流行区域，种苗鸡场的免疫程序如何，特别是种鸡的免疫是否做到位，运输过程是否存在不合理之处；什么时间对雏鸡进行开饮和开食，是否断喙，何时进行断喙，断喙前后的处理等。了解清楚雏鸡的运输和饲养管理有没有不合理的地方。

（8）**病鸡临床检查** 尤其是重大疫病的诊断，最好都应到生产现场对鸡群进行临床检查。对鸡群临床检查包括群体检查和个体检查，要对鸡群进行一个动态了解，并对病鸡进行病理解剖检查，个体解剖在临床上非常重要，常常可以发现诊断依据。解剖依次检查体表、皮肤、皮下、胸肌、气囊、胸腹腔、体腔内的脏器外观是否异常；然后分别按顺序对气管、支气管、肺、心脏、肝、胆囊、脾、肾、生殖系统、胰腺、肌胃、腺胃、肠、泄殖腔进行检查。

最后对饲料营养成分进行分析，进行预防和治疗试验，然后综合以上信息作出综合判断，最后作出临床诊断。

187. 怎样观察鸡群群体状态?

在调查流行病学的基础上，通过肉眼对发病群进行临床症状的观察，主要包括发病群的群体检查和个体检查。

①首先在不惊动鸡群的情况下静态观察，观察全群的精神状态，自由活动、采食、饮水、呼吸以及羽毛、粪便等；其次是动态观察，进入鸡舍后人为地制造突然的响声，观察鸡群的反应状态，健康的鸡群会停止采食、饮水、走动、凝视片刻，而病鸡则漠不关心外界的声音；也可以在舍内驱赶鸡群，健康的鸡只在人接近时已逃之夭夭，而病鸡对人的接近不理不睬或慢步走开，这时可观察鸡群的运动是否正常。

②观察鸡群的营养和发育状况、大小、均匀度；冠的颜色是鲜红还是紫蓝、苍白，是否长有水疱、痘痂或冠癣；羽毛颜色和光泽是否丰满整洁，是否有过多的羽毛断折和脱落，是否有局部或全身的脱毛或无毛，肛门附近羽毛是否被粪便污染等。

③观察鸡群精神状况，包括饮水、采食、对外界声音或外来人员的反应，有无神经症状出现，如震颤、头颈扭曲、盲目前冲或后退、转圈运动，或高度兴奋不停地走动，或跛行、麻痹、瘫痪，或闭目、低头、垂翼、呆立昏睡、喜卧不愿走动等。

④观察眼鼻是否有分泌物，分泌物性质如何（浆液性、黏液性

或脓性)；是否有眼结膜水肿、上下眼结膜粘连、睑部水肿。

⑤观察呼吸，注意观察有无咳嗽、异常呼吸音、张口伸颈呼吸并发出怪叫声、浅频呼吸、深呼吸、临终呼吸等。

⑥观察排粪和粪便，注意观察排粪动作是否过频或困难，粪便是否为圆条状、稀软成堆或呈水样，粪便是否混有饲料颗粒、黏液或血液，颜色为灰褐、硫黄色、棕褐色、灰白色、黄绿色还是红色，是否有异常恶臭味。

⑦了解发病情况，包括发病数、死亡数、死亡时间分布（不同时段死亡情况）以及病程长短（从发病到死亡的时间是几天、几小时还是毫无前兆症状而突然死亡）等。

188.怎样进行鸡的个体检查?

为了进一步明确群的具体情况，对鸡群还应当进行个体检查，内容与群体检查基本相同，但还应注意补充下列一些项目的检查。

（1）皮肤检查 主要看皮肤的弹性、颜色是否正常，是否有紫蓝色或红色斑块，是否有脓肿、坏疽、气肿、水肿、斑疹、水疱等，有无结节、软蜱、螨等寄生虫，跖部皮肤鳞片是否有裂缝等。

（2）眼睛、鼻腔、肛门等的检查 眼结膜是否苍白、潮红或黄色，眼结膜下有无干酪样物，眼球是否正常；用手指压挤鼻孔，有无黏性或脓性分泌物；用手指触摸嗉囊内容物是否过分饱满坚实，是否有过多的水分或气体；翻开泄殖腔，注意有无充血、出血、水肿、坏死或假膜附着；肛门是否被白色粪便所黏结。

（3）口腔内的检查 打开口腔，注意口腔黏膜的颜色，有无发疹、脓疱、假膜、溃疡、异物；口腔和腭裂上是否有过多的黏液，黏液上是否混有血液；一手扒开口腔，另一手用手指将喉头向上顶托，可见到喉头和气管，注意喉气管有无明显的充血、出血，喉头周围是否有干酪样物附着等。

第二节 肉鸡疾病的病理剖检诊断

189. 鸡死后的尸体有什么变化?

鸡死亡后，尸体经过一定的时间会发生一系列的变化，了解鸡只死后尸体的变化，更能够把正常变化和疾病引起的病变相区别，不至于造成混淆并最终导致误诊。

（1）尸冷 鸡死亡后，由于各器官的机能活动完全停止，机体不能再产生热量，而原来的体温又不断地散失，所以尸体变冷，这就称为尸冷。

（2）尸僵和解僵 鸡死后几个小时，从头部开始，各部位的肌肉、关节变得僵硬，这种现象称为尸僵。尸僵发生顺序为颈、胸、前肢、躯干到后肢，10～24小时尸僵完全。24～48小时后，又按原来发生尸僵的顺序缓解（变软），称为解僵。

（3）尸斑 鸡死亡后，血液停止流动，积于心脏和血管内的血液受到重力的影响沉积于尸体的底部（倒卧一侧）的组织内，致使倒卧一侧的血管充积血液，使倒卧一侧器官、组织的颜色都比非倒卧一侧深，这种现象在倒卧侧的皮下、肺、肝等处均可看到，在临床解剖的时候注意不要把这种死亡变化与疾病所产生的病变相混淆。

（4）尸体腐败和自溶 鸡死亡后，由于组织中酶的作用，组织细胞发生溶解，这就是自溶。当外界气温高，鸡只死亡较长时间后才解剖时，常见胃肠黏膜脱落，这是自溶现象产生的，要与病理性的脱落相区别。

190. 病理剖检前应做哪些仔细观察?

解剖之前，不要急于下手，要从外到里，搜集到足够多的证据，把这些搜集到的疑点、变化记下来，在解剖完成以后和鸡病诊断标准对比，以利于做最后的分析判断，不能看到一个地方有异常病变就立刻定性是什么病。除了看，还要用手触摸，必要的时候还要闻，各个地方都观察、感觉到，把资料都收集全了，最后才能确定这个病鸡是怎么死的。

（1）鸡头部观察　观察鸡冠是不是发白、发绀、发黑，发白提示有贫血或内脏出血；发绀表明血液循环不好；发黑表明机体严重缺氧或中毒。观察脸是否肿，是否偏瘦，肿脸、眶下有脓性分泌物提示有支原体的存在；脸偏瘦提示有慢性消耗性病存在，如大肠杆菌病和球虫病眼部的检查重点看是不是有脓性物，眼边的毛是不是相对于健康的鸡有变长的。有没有眼泪，眼睛是紧闭还是半开，眼球是否发红，有无白点，从眼部观察上能反映出来的是由大肠杆菌、葡萄球菌、眼型痘、流感、维生素E缺乏症等引起的病症。

（2）鸡皮肤观察　观察皮肤有没有水肿、气肿，皮肤是什么颜色的，是否发红、发蓝、发绿，皮肤有没有溃烂；羽毛是不是易脱落、是不是不光滑，顺便看一下，腹部的大小是不是异常，用手摸一下有无波动感。

（3）鸡腿脚观察　注意腿脚上的温度，是否发凉发烫，病后期的鸡脚发凉，病毒性病初期发烫，这个方法在检查大群的时候也可以检查活鸡；有没有脱水样，腿部皮下有没有出血，关节有没有肿；自然状态下，腿型是什么样；与其他健康鸡对比腿的粗细；脚垫下是什么状态，有没有出血口。

（4）鸡肛门观察　这个位置重点看有没有脱肛的、出血的；周围羽毛被粪便污染的颜色有白色、黑色、黄色、绿色和血色。

191.病理剖检的具体程序是什么？

（1）活鸡的宰杀　对尚未死亡的病鸡，应先将其宰杀。常用的方法有断颈法（即一只手提起双翅，另一只手掐住头部，将头部向颈部垂直方向快速用力向前拉扯），颈动脉放血，静脉注射氰化钠、氰化钾等氰化物药液。

（2）尸体消毒 将病死鸡或宰杀后的鸡用消毒药液将其尸体表面及羽毛完全浸湿，然后将其移入搪瓷盆或其他用具中进行剖检。

（3）按程序依次剖检，观察各组织器官的病理变化

①固定尸体：将鸡的尸体背位仰卧，在腿腹之间切开皮肤，然后紧握大腿股骨，用手将两条腿掰开，直至股骨头和髋臼分离，这样通过两腿将整只鸡的尸体支撑在搪瓷盆上。

②观察变化：沿中线先把胸骨嵴和肛门间的皮肤纵向切开，然后向前，剪开胸、颈的皮肤，剥离皮肤，暴露颈、胸、腹部和腿部的肌肉，观察皮下脂肪、皮下血管、龙骨、胸腺、甲状腺、甲状旁腺、肌肉、嗉囊等的变化。

192. 鸡病毒性疾病主要采集的部位有哪些？

鸡病毒性疾病主要采集的部位见表7-1。

表7-1 鸡病毒性疾病采集的主要部位

疾病名称	病原	病料采集部位
新城疫	副黏病毒	脑组织、喉头、气管、气囊、肝、脾、肺
禽流感	A型流感病毒	内脏器官、气管黏液、肺、泄殖腔、血液
传染性法氏囊病	双RNA病毒	法氏囊、内脏器官、肠道黏液、泄殖腔拭子、血液
传染性支气管炎	冠状病毒	气管、肺组织、肾、肝、脾、淋巴组织、输卵管、泄殖腔
传染性喉气管炎	A型疱疹病毒	气管渗出物、气管、肺
病毒性关节炎	禽呼肠孤病毒	关节、腱鞘、脾、泄殖腔、气管
禽脑脊髓炎	禽脑脊髓炎病毒	脑、胰
淋巴白血病	禽白血病病毒	血液、泄殖腔、肿瘤组织
马立克氏病	疱疹病毒	血液、肿瘤组织
网状内皮组织增生病	网状内皮组织增生病病毒	血液、肿瘤组织、脾

（续）

疾病名称	病原	病料采集部位
传染性贫血病	传染性贫血病病毒	肝、皮肤、脾、心脏、胸腺、肺、法氏囊、肾、骨髓、血液
减蛋综合征	禽腺病毒	肝、胰、气管、肺、空肠、盲肠扁桃体、肠内容物、输卵管、畸形蛋、变形卵泡、粪便、血液
禽痘	禽痘病毒	病变组织、口、鼻、咽、喉、食道、气管黏膜的结节

193. 怎样采集鸡病料?

（1）组织和实质器官的采集 剖开腹腔后，必须注意肠管的完整。如需进行细菌的分离培养，要以烧红的手术刀片烫烙脏器表面，使用经火焰灭菌的接种针插入烫烙的部位，提取少量的组织，作涂片镜检或接种于培养基上进行培养。

（2）液体病料的采集 采集血液、胆汁、脓肿液、渗出物等液体病料，使用灭菌吸管或注射器，经烫烙部位吸取病变组织的液体，将病料注入灭菌的试管中，塞好棉塞送检。

（3）全血的采集 用灭菌注射器自鸡的心脏或翅静脉采血2～5毫升，注入灭菌试管中，建议加入少量的抗凝剂。抗凝剂3.8%柠檬酸钠0.1～0.5毫升配制方法：葡萄糖2.05克、柠檬酸钠0.8克、柠檬酸0.055克、氯化钠0.42克，加蒸馏水至100毫升高压灭菌10分钟。

（4）血清的采集 用灭菌注射器自鸡的心脏或翅静脉采血2毫升，注入灭菌的1.5毫升离心管中摆成斜面，待血液凝固血清析出后，将血清吸出注入另一个灭菌试管中，备用。

（5）肠道及肠内容物的采集 选择病变明显部位的肠道，将内容物弃掉，用灭菌生理盐水冲洗干净，然后将病料放入盛有灭菌的30%甘油盐水缓冲液中送检。亦可将肠管切开，用灭菌生理盐水冲洗干净，然后用烧红的手术刀片烫烙黏膜表面，将接种针插入黏膜层，取少量病料接种于培养基上。采集肠内容物则需用烧红的手术刀片烫烙肠道浆膜层，将接种针插入肠道内，吸取少量肠内容物放入试管中或将带有肠内容物的肠道两端扎紧，去掉其他部分送检。

（6）皮肤及羽毛的采集　皮肤要选病变明显部分的边缘，采取少许皮肤，放入灭菌的试管中送检；羽毛也要选病变明显部分，用灭菌的刀片刮取羽毛及根部的皮屑少许，放入灭菌的试管中送检；采集孵化室的绒毛需用灭菌镊子采取孵化机出风口的绒毛3～5克，放入灭菌的试管中送检。

194.怎样保存和处理鸡病料？

（1）采集的样品应一种样品一个容器，立即密封，防止样品损坏、污染和外泄等意外发生。也可以将几种适合检测同种病毒的病料合并于一个容器内。

（2）装样品的容器应贴上标签，标签要防止因冻结而脱落，标签标明采集的时间、地点、号码和样品名称，并附上发病、死亡等相关资料，尽快送实验室。

（3）根据样品的性状检验要求的不同，做暂时的冷藏、冷冻或其他处理。

（4）病料采集后，应先存放于冰箱中1～2小时后，再做微生物检验。

195.病料送检有哪些注意事项？

（1）运送的病料必须标明送检单位、地址，送检病料的品种、性别、日龄、种类、数量、死亡日期、送检日期，检验目的、送检者姓名、联系方式，并附临床病例摘要（发病时间、死亡情况、临床症状、产蛋及饮食情况、免疫和用药情况等）。

（2）运送病料时一定注意病料要低温保存。供病毒学检验的样品，数小时内要送到实验室，只做冷藏处理；超过数小时的要冷冻处理，可将样品放入 −30℃冰箱内冻结后再装入有大小冰块或干冰的冷藏瓶（箱）内运送，亦可将装入样品的容器放入隔热保温瓶内，再放入冰块，然后加入食盐（100克冰块加入食盐约35克），立即将隔热保温瓶瓶口塞紧，瓶内温度可达 −21℃左右。

（3）在没有病料采集条件的情况下，可以采取运送整只鸡的尸体，运送时鸡的尸体用浸透消毒液的布包好，装入塑料袋中运送。如果需要长途运输，整个尸体放入冰箱冰冻过夜。

196. 通过剖检病变观察如何初步诊断鸡病？

通过剖检部位的病变可以初步判断鸡病，表7–2至表7–10分别提示各类疾病的相似点和区别点。可作为参考。

表7-2　引起神经症状的疾病

病　名	相似点	区别点
鸡新城疫（肺脑型）	四肢进行性麻痹，共济失调；因肌肉痉挛和震颤，常引起转圈运动	有呼吸道症状，剖检见十二指肠降支、卵黄蒂后3～4厘米、回肠前1～3厘米处淋巴滤泡肿胀、出血、溃疡；腺胃乳头顶端出血或溃疡；各年龄段均可发病
马立克氏病（神经型）	轻者共济性失调，步态异常；重者瘫痪，呈“劈叉”病症	特征性“劈叉”姿势；剖检见腰荐神经丛、臂神经丛、坐骨神经均呈单侧性肿胀，色灰白或淡黄；多发于育成阶段的鸡群
鸡传染性脑脊髓炎	共济性失调，走路前后摇晃，步态不稳，或以跗关节和翅膀支撑前行	头颈部震颤，尤其在受惊或将鸡倒提起时，震颤加强；剖检见脑水肿、充血，但无出血现象，胃肌层内有细小的灰白色病变区；多发于3周龄以内的雏鸡
维生素E、硒缺乏症（脑软化症）	头颈弯曲挛缩，无方向性特征，有时出现角弓反张，两腿痉挛抽搐，步态不稳或瘫痪	脑充血、水肿，有散在出血点，以小脑尤为明显；大脑后半球有液化灶，脑实质严重软化，呈粥样；肌肉苍白；多见于雏鸡
大肠杆菌病（脑炎型）	垂头、昏睡状，有的鸡有歪头、斜颈，共济失调，抽搐症状	脑膜充血、出血，小脑脑膜及实质有许多针尖大出血点；涂片染色，镜检可见革兰氏阴性小杆菌
食盐中毒	或精神委顿、呆立，呼吸困难	渴欲极强，严重腹泻；剖解脑膜充血水肿、出血，皮下水肿，鸡皮极易剥离

（续）

病 名	相似点	区别点
叶酸缺乏症	颈部肌肉麻痹，抬头向前平伸，喙着地	“软颈”症状与肉毒中毒*相似，但病鸡精神尚好，胫骨短粗，有时可见“滑腱症”。一般不易出现叶酸缺乏症
维生素B_1缺乏症	伸肌痉挛，抽搐，运动失调，呈角弓反张症状	呈特征性的“观星”症状；剖检可见胃、肠道萎缩，右心扩张、松弛；雏鸡多为突然发生，成年鸡发病缓慢
维生素B_6缺乏症	雏鸡异常兴奋，盲目奔跑，运动失控或腿软、翅下垂，以胸着地，痉挛	长骨短粗，眼睑水肿；肌胃糜烂；产蛋鸡卵巢、输卵管、肉垂退化

表7-3 出现鸡冠或面部肿胀的疾病

病 名	相似点	区别点
禽霍乱	鸡冠及肉垂肿胀，呈黑紫色	16周龄以前的幼鸡少发，突然发病。死亡多为强壮鸡和高产鸡，排绿色稀粪；剖检变化为心冠脂肪出血，肝出血、点状坏死，十二指肠弥漫性出血；慢性可见关节炎
禽流感	鸡冠及肉垂肿胀，呈紫红色；头、眼睑水肿，流泪	鸡冠有坏死灶，趾及跖部鳞片出血，全身浆膜及内脏严重广泛出血，颈、喉部有明显肿胀，鼻孔常流出血色分泌物
鸡痘	皮肤型鸡的头部鸡冠、肉垂、口角、眼周部位有痘疹；黏膜型鸡的眼睑肿胀、流泪，面部肿胀，呼吸困难	皮肤型鸡无毛部皮肤及肛门周围、翅膀内侧也见痘疹，坏死后有痂皮；黏膜型在口腔及咽喉黏膜上有白色痘斑，突出于黏膜，相互融合，表面可形成黄白色假膜
大肠杆菌病	单侧性眼炎，眼睑肿胀，流泪，有黏性分泌物	可引起多种类型的病症，全眼球炎见于30～60日龄雏鸡，严重的引起失明；还有败血症、气囊炎、雏鸡脐炎、关节炎、肠炎及卵黄性腹膜炎等变化
鸡败血支原体病	颜面、眼睑、眶下窦肿胀、流泪、流鼻液	泪液中带有气泡；鼻腔、眶下窦及腭裂蓄积多量黏液或干酪样物；气囊增厚、混浊，积有泡沫样或黄色干酪样物；肺门部有灰红色肺炎病灶

* 肉毒杆菌食物中毒，亦称肉毒中毒，是因进食含有肉毒杆菌外毒素的食物而引起的中毒性疾病。临床上以恶心、呕吐及中枢神经系统症状如眼肌及咽肌瘫痪为主要表现。如抢救不及时，病死率很高。——编者注

（续）

病　名	相似点	区别点
鸡传染性鼻炎	单侧性眼肿，眶下部和面部肿胀，肉垂水肿	以成年鸡最易感；从鼻孔流出浆液性、黏液性以至脓性恶臭的分泌物，鼻腔和眶下窦黏膜充血、肿胀，腔窦内蓄积多量黏液、脓性分泌物，有时为干酪样物；眼结膜红肿、粘连，结膜囊积黏性干酪样物，角膜混浊，眼球萎缩
肿头综合征	头、面部、眼周围水肿	头、眼周、冠、肉垂、下颌皮下水肿，呈胶冻状，有时为干酪样物
维生素A缺乏症	眼及面部肿胀、流泪、流鼻液	眼睑肿胀、角膜软化或穿孔，眼球凹陷、失明，结膜囊内蓄积干酪样物，口腔、咽、食道黏膜有白色小米粒大结节

表7-4　皮肤发生坏死出血等症状的疾病

病　名	相似点	区别点
大肠杆菌病（皮炎型）	脐炎，皮肤炎	雏鸡发生脐炎，青年鸡发生皮肤炎、坏死、溃烂，有的形成紫色痂；涂片镜检可见革兰氏阴性小杆菌
葡萄球菌病	脐炎、皮下出血	雏鸡出现脐炎，急性败血型1～2月龄鸡多发，胸腹部、大腿内侧皮肤出血、溃疡，皮下出血水肿，呈胶冻样；涂片镜检可见葡萄球菌
马立克氏病（皮肤型）	颈、背部及腿部皮肤毛囊呈结节性肿胀	颈部、两翅及全身皮肤以毛囊为中心形成小结节或瘤状物，有时有鳞片状棕色硬痂
鸡痘（皮肤型）	有时痘疹表面形成痂壳	少毛或无毛处皮肤，如鸡冠、肉垂、嘴角、眼皮及腿部等出现痘疹
维生素PP缺乏症	皮炎	两腿皮肤鳞片状皮炎，黑色症病变及口腔、食道发炎
维生素H缺乏症	皮炎	先从趾部出现皮炎，以后口角和眼周出现；肉鸡肝、肾肿大，脂肪肝
泛酸缺乏症	皮炎	皮炎先于口角、眼边、腿发生，严重时波及足底
锌缺乏症		脚和腿部表皮角质层角化严重，脚掌开裂有深缝，甚至趾部发生坏死性皮炎

表7-5　引起呼吸困难的疾病

病　名	相似点	区别点
鸡新城疫（美国型）	伸颈呼吸、咳嗽、甩头	除呼吸症状外，还出现斜颈歪头，脚翼麻痹，产蛋下降；剖检仅见喉头、气管有黏液，气管黏膜肥厚，肺、脑有出血点
鸡传染性鼻炎	甩鼻，打喷嚏，呼吸困难	发病率高，死亡率低，鼻塞症状明显，主要表现流鼻液，流泪；剖检鼻腔、鼻窦黏膜红肿或有黄色干酪样物
鸡败血支原体病	慢性呼吸道症	呼吸有啰音，眼角流泡沫样液体；气囊增厚、混浊、有泡沫样或干酪样物
鸡传染性气管炎（呼吸器官病）	咳嗽，打喷嚏	呼吸时发出异常声音，喉头、气管黏液增多，支气管有出血；混合感染其他病型时则出现肾炎或腺胃炎等
鸡传染性喉气管炎	咳嗽，呼吸困难	发病急，死亡快，咳出带血的黏液；喉头、气管出血，有多量黏液和血凝块
鸡痘（白喉型）	呼吸困难，张口呼吸	呼吸及吞咽困难，多窒息死亡；口腔及咽喉部黏膜出现痘疹及有假膜形成；混合感染其他病型，还可见少毛或无毛的皮肤出现痘疹

表7-6　出现肝病变的疾病

病　名	相似点	区别点
禽霍乱	肝肿大，表面布满黄白色针尖大坏死点	成年鸡易发，常突然发病，死亡多为壮鸡；心冠脂肪和心外膜有大量出血点，十二指肠严重出血
鸡沙门氏菌病	肝肿大，表面有多量灰白色针尖大坏死点	多发生于雏鸡和青年鸡；雏鸡拉白色的糊状粪，心肺上也有坏死灶；青年鸡的肝有时呈铜绿色
鸡大肠杆菌病	肝肿大，表面有一层灰白色薄膜，即肝周炎	多发生于雏鸡和6～10周龄的青年鸡，有纤维素性心包炎、纤维素性腹膜炎
鸡弯杆菌病	肝肿大，表面和实质内有黄色、星芒状的小坏死灶或布满菜花状的大坏死区	多发生于青年鸡或新开产母鸡；肝膜下有出血区，或形成血肿
鸡组织滴虫病	肝肿大，表面有圆形或不规则形中心凹陷、周边隆起的溃疡灶	多发生于8周龄至4月龄的鸡；一侧盲肠肿大，内有香肠状的干酪样凝固栓子，切面呈同心圆状

（续）

病　名	相似点	区别点
鸡包涵体肝炎	肝肿大，表面有点状或斑状出血	多发生于3～9周龄的肉鸡和蛋鸡；肝触片，于细胞核内见嗜酸性或嗜碱性和内包涵体
鸡马立克氏病（内脏型）	肝肿大，表面有灰白色肿瘤结节	多发于6～16周龄内的鸡；心、肺、脾、肾等器官也有肿瘤结节，但法氏囊常萎缩
鸡脂肪肝综合征	肝肿大呈黄色、质地松软，表面有小出血点	多发生于成年鸡；鸡冠、肉髯和肌肉苍白贫血，肝出血，腹腔内有血凝块或血水，腹腔和肠系膜有大量脂肪沉积

表7-7　出现肺及气囊病变的疾病

病　名	相似点	区别点
鸡白痢	肺上有大小不等黄白色坏死结节	多发于2周龄以内的雏鸡或40～80日龄的育成鸡；排白色糊状粪，心脏和肝也有坏死结节
鸡败血支原体病	气囊混浊、增厚，囊腔内有黄色干酪样物质	多发生于3周龄的幼鸡，呼吸困难，眶下窦肿胀；心脏和肝无病变
鸡曲霉菌病	肺和气囊上有灰黄色、大小不等的坏死结节	多发生于雏鸡；病鸡呼吸困难；胸壁上也有坏死结节，柔软而有弹性，内容物呈干酪样；见有霉菌斑；镜检见霉菌菌丝及孢子

表7-8　出现脾及肾病变的疾病

病　名	相似点	区别点
鸡传染性法氏囊病	排白色水样便，肾肿，有白色尿酸盐沉着，呈花斑状	3～6周龄雏鸡多发，死亡率高；法氏囊肿胀，出血或内有果酱样物，胸部及腿部肌肉出血
痛风（内脏型）	气囊混浊、增厚，囊腔内有黄色干酪样物质	多发生于4～8周龄的幼鸡；呼吸困难，眶下窦肿胀；心脏和肝表面有大量白色尿酸盐沉着
鸡传染性支气管炎（肾变病型）	排水样白色稀便；肾肿大，颜色变淡，有多量尿酸盐沉着	多见于3～10周龄鸡，两侧肾均等肿胀，有尿酸盐沉着，质地变硬；严重时，内脏器官浆膜有多量尿酸盐沉着；死亡率高；成年鸡产蛋量下降，蛋壳粗糙，蛋形变圆；病鸡康复后产蛋量恢复不到原有水平

（续）

病　名	相似点	区别点
鸡曲霉菌病	肺和气囊上有灰黄色、大小不等的坏死结节	多发生于雏鸡；病鸡呼吸困难；胸壁上也有坏死结节，柔软而有弹性，内容物呈干酪样；见有霉菌斑；镜检见霉菌菌丝及孢子

表7-9　出现畸形蛋、软皮蛋的疾病

病　名	相似点	区别点
鸡传染性支气管炎	产蛋下降	蛋壳异常及蛋内容物不良，卵泡变软、出血甚至破裂，输卵管炎及堵蛋
减蛋综合征	产蛋下降	产蛋突然减少，出现无壳蛋、软壳蛋、薄壳蛋等；输卵管子宫部水肿性肥厚、苍白
鸡白痢	卵泡变形	成年鸡产蛋停止，卵泡大小、形状和颜色发生改变，卵黄性腹膜炎
鸡伤寒	卵泡变形	发生于3周龄至成年鸡，时有死亡；肝古铜色或淡绿色
鸡副伤寒	卵泡变形	肠炎、腹泻、卵巢炎、输卵管炎；细菌学检查可与鸡白痢、鸡伤寒区别
鸡蛔虫病	产蛋下降	逐渐消瘦，腹泻与便秘交替出现，肠中有多量蛔虫
鸡绦虫病	产蛋下降	鸡粪中可见小米粒大、白色、长方形绦虫节片；肠内可见绦虫成虫
笼养蛋鸡疲劳症	产蛋下降	软腿无力，但精神尚好，严重时，精神不振，瘫痪或自发性骨折；胸骨、肋骨变形
维生素D缺乏症	产蛋下降	软蛋增多，瘫痪鸡经日晒可恢复，龙骨弯曲
锰缺乏症	产蛋下降	蛋壳变薄易碎，孵化后死胚多，死胚短腿短翅、圆头、鹦鹉嘴；跗关节肿大、腓肠肌腱滑向一侧（称滑腱症）
钙、磷缺乏症或过多症	产蛋下降	缺钙出现软壳蛋、瘫鸡；钙过多引起痛风，尤其肾出现尿酸盐沉积；缺磷或磷过多影响钙的吸收，出现厌食，生殖器官发育不良；分析饲料中的钙、磷含量可查明是多还是少

表7-10　出现关节肿胀、腿发育异常等运动障碍的疾病

病　名	相似点	区别点
大肠杆菌病（关节炎型）	关节肿大，跛行，触诊有波动感	切开关节流出混浊液体，重者关节腔内有干酪样物；涂片镜检可见革兰氏阴性小杆菌
葡萄球菌病	多个关节炎性肿胀，以跗关节、趾关节多见；病鸡跛行，不愿站立走动	肿胀关节呈紫红色或黑色，逐渐化脓，有的形成趾瘤；切开关节后，流出黄色脓汁，涂片镜检可见大量葡萄球菌
滑液囊支原体病	跗关节、趾关节肿胀，触诊有波动感、热感，站立、运动困难	切开后，关节囊内有黏稠液体或干酪样物，涂片镜检无细菌，多发于4～16周龄，偶尔见于成年鸡
病毒性关节炎	跗关节及后上侧腓肠肌腱鞘肿胀，表现为拐腿、站立困难、步态不稳	多为双侧性跗关节与腓肠肌腱肿胀，关节腔积液呈草黄色或淡红色，有时腓肠肌腱断裂、出血，外观病变部位呈青紫色
关节痛风	四肢关节肿胀，有的脚掌趾关节肿胀，走路不稳，跛行，重者不能站立	关节囊内有淡黄或白色石灰乳样尿酸盐沉积
胆碱缺乏症	跗关节轻度肿大，周围点状出血；长骨短粗，跖骨变形变曲，出现滑腱症	雏鸡、青年鸡可见滑腱症，肝脂肪含量增多，成年鸡主要表现为体脂肪过度沉积，一般无关节病变
维生素B_2缺乏症	跗趾关节肿胀，脚趾向内卷曲或拳状，即“卷爪”，双脚不能站立，行走困难	两侧坐骨神经和臂神经显著肿大、变软，为正常的4～5倍；胃肠道黏膜萎缩，肠内有泡沫内容物，多发于育雏期和产蛋高峰期
维生素PP缺乏症	跗关节肿胀，长骨普遍粗短，两腿弯曲	腿脚皮肤有鳞片状皮屑，舌暗红发炎，舌尖白色，口腔及食道前端发炎
维生素B_6缺乏症	长骨短粗，一般腿严重跛行	有神经症状，雏鸡表现异常兴奋，盲目奔跑，运动失调，一侧或两侧中趾等关节向内弯曲；重症腿软，以胸着地，伸屈脖子，剧烈痉挛；有时可见肌胃糜烂
维生素B_{11}缺乏症	主要表现为胫骨短粗，偶尔亦见有滑腱症	有头颈部麻痹症状，抬头顶向前伸直下垂，喙触地；雏鸡嘴角上下交错
锰缺乏症	长骨短粗，跗关节明显肿胀，腿屈曲无法站立和行走	长骨变粗短，但不变软变脆；雏鸡表现为典型的滑腱症

（续）

病　名	相似点	区别点
锌缺乏症	跗关节肥大，腿脚粗短	轻者腿、腿皮肤有鳞片状皮屑，重者腿、脚皮肤严重角化、脚掌有裂缝。羽毛末端严重缺损，尤其以翼羽和尾羽明显
大肠杆菌病	急性败血型可见排白色或黄绿色稀便	可以表现多种类型的病症。急性败血型主要表现纤维素性心包炎和肝周炎，肝有点状坏死
坏死性肠炎	黑褐色、带血色稀粪	小肠中后段肠壁出血，斑点呈不规则形；肠壁坏死，有土黄色坏死灶，有时有灰黄色厚层假膜；肝可见2～3厘米大、圆形坏死灶
鸡组织滴虫病	带血稀便	病鸡头部皮肤黑紫色；盲肠有出血性、坏死性炎，肠内容物凝固、切面呈层状，中心为凝血块；肝色黄，见中心凹陷，周围隆起，呈黄绿色的碟状坏死灶
鸡球虫病	排血便	3周龄以下雏鸡多发，急性经过，死亡率高；盲肠或小肠出现出血性、坏死性炎，肠壁有白色结节
鸡住白细胞虫病	水样白色或绿色稀粪	鸡冠苍白，口腔流出淡绿色液体；严重时有血样；全身皮下、肌肉、肺、肾、脾、胰、腺胃、肌胃及肠黏膜均见出血点，并见灰白色小结节
鸡白痢	白色石膏样稀粪	急性型多见于2周龄左右的雏鸡，脐带红肿，卵黄吸收不全；慢性可见肝、脾、肺、心有灰白色坏死点，有时一侧盲肠内容物凝固，肠壁增厚 育成鸡和青年鸡多呈隐性感染，卵泡萎缩、出血、变形、变色，有时脱落、破裂，引起腹膜炎
鸡伤寒	黄绿色稀便	多见于育成鸡；肝、脾和肾肿大，达正常的2～4倍，肝、脾呈青铜色，有黄白色坏死点；卵泡充血、出血，有的破裂
鸡溃疡性肠炎	白色水样腹泻	小肠和盲肠有大量圆形溃疡灶，中心凹陷，有时发生穿孔；肝有黄色或灰色圆形小溃疡灶或大片不规则坏死区

197. 扑灭鸡传染病的措施有哪些?

对于传染病，尤其急性烈性传染病，早发现，及时、准确地诊断，并迅速采取针对性措施，可有效地制止传染病的蔓延。所以必须要求饲养人员要经常仔细观察鸡群的活动及健康状况，若发现有异常表现，特别有互相传染的嫌疑，应立即报告兽医或生产管理人员，相关负责人必须立即赶到现场，认为有必要时要尽快组织力量进行诊断。经诊断，对疑似或确认为新城疫、禽流感、传染性法氏囊病、传染性支气管炎、鸡痘、禽霍乱及传染性鼻炎等急性支气管病，立即采取以下措施。

（1）必须立即隔离病鸡，尽可能缩小病鸡的活动范围。

（2）被病鸡的排泄物、分泌物污染的场地，用2% ~ 3%氢氧化钠溶液进行喷射消毒；污染的垫草、粪便彻底清除，予以烧毁或堆积发酵；被污染的用具、工作服、鞋，用福尔马林熏蒸消毒。

（3）场门设立标牌，禁止人、畜出入。

（4）针对严重的传染病尚须采取相对应的措施：

①被诊断为高致病性禽流感、新城疫、马立克病的鸡要进行捕杀并对尸体进行无害化处理。

②被确诊或疑似为新城疫、禽流感、传染性支气管炎、传染性喉气管炎、传染性法氏囊病、减蛋综合征及传染性鼻炎、禽霍乱、大肠杆菌病的养殖区及受威胁区要选择相应的敏感的抗生素，进行紧急药物预防或早期治疗。

③被确诊或疑似为传染性喉气管炎、鸡痘的病鸡可服用抗生素防止继发感染和采用外科的对症疗法。

198. 怎样处理病死鸡?

（1）专业化处理 在禽畜产业发达的地区，基本都建有病死禽畜无害化填埋处理场，可以把死鸡送到处理场去做处理；另一种无害化处理方式是进行发酵自然分解，这种方法需要建专业的发酵分解处理池，或是可供密封的池子，死鸡密封在池子里一年时间以上；一些地方的垃圾处理场有垃圾焚烧炉或是其他焚烧炉，可以将病死鸡送过去进行焚烧处理，也是一种有效的灭菌方式。

（2）焚烧　不具备专业化处理场和处理设施的地方，也可以直接在郊野处进行焚烧处理：把死鸡堆摊在一起，浇上汽油烧成炭，一定要烧透。

（3）掩埋　对于养禽畜少的农户来说，可能就没有那么专业的地方可供利用了，那就用传统的掩埋方法进行处理：在远离水源和生活区的地方，选择下风处，挖一个1米以上的深坑，坑底撒上石灰粉，填进死鸡后，再撒上一层厚厚的生石灰粉，然后填土拍实。一定要深埋，以防被野猫野犬刨出来造成污染。

（4）采用化学处理来杀菌　去化工店买硫酸等强腐蚀强氧化剂，溶解稀释成浓溶液，把死鸡装进耐酸碱的容器里，倒入溶液进行浸泡，密封容器静置1～2天，再进行深埋处理。这种处理方法效果好、速度快，成本有点高，比较适合一些特殊情况下的应急处理。

第三节　肉鸡疾病症状鉴别诊断

199. 肉鸡常见疾病有哪些诊断方向?

肉鸡常见疾病的主要症状和病变有神经症状、鸡头部症状、皮肤症状、呼吸症状、关节症状和产蛋症状等。常见鸡病的诊断方向见表7-11。

表7-11 常见鸡病的诊断方向

主要症状与病变	可能有关的疾病
出现神经症状	鸡新城疫、马立克氏病、鸡传染性脑脊髓炎、维生素E和硒缺乏症、大肠杆菌病（脑炎型）、肉毒中毒、食盐中毒、叶酸缺乏症、维生素B_1缺乏症
鸡冠和面部肿胀	禽霍乱、禽流感、鸡痘、大肠杆菌病、鸡传染性鼻炎、鸡衣原体病、鸡败血支原体病、肿头综合征
皮肤出血、坏死等	大肠杆菌病、葡萄球菌病、马立克氏病、鸡痘、维生素PP缺乏症、维生素H缺乏症、泛酸缺乏症、锌缺乏症
呼吸困难	鸡新城疫、鸡传染性鼻炎、鸡败血支原体病、鸡传染性支气管炎、鸡传染性喉气管炎、鸡痘
出现肝炎及肝病变	禽霍乱、鸡白痢、鸡伤寒、鸡副伤寒、鸡大肠杆菌病、鸡结核病、鸡弯杆菌病、鸡组织滴虫病、鸡包涵体肝炎、鸡淋巴白血病、马立克氏病、鸡网状内皮组织增生病、鸡败血支原体病、鸡曲霉菌病
肺及气囊病变	鸡白痢、鸡败血支原体病、鸡大肠杆菌病、鸡结核病、鸡曲霉菌病
肾出现肿胀和花斑病变	鸡传染性法氏囊病、鸡传染性支气管炎、痛风、鸡病毒性肾炎
产畸形蛋、软皮蛋	新城疫、鸡传染性支气管炎、减蛋综合征、鸡白痢、鸡伤寒、鸡副伤寒、鸡蛔虫病、鸡绦虫病、笼养蛋鸡疲劳症、维生素D缺乏症、锰缺乏症
引起关节肿胀、腿骨发育异常等运动障碍	大肠杆菌病、葡萄球菌病、滑液囊支原体病、病毒性关节炎、关节痛风、胆碱缺乏症、叶酸缺乏症、维生素PP缺乏症、锰缺乏症、锌缺乏症
肠炎、腹泻	鸡新城疫、禽流感、鸡传染性法氏囊病、禽轮状病毒感染、鸡结核病、大肠杆菌病、坏死性肠炎、鸡组织滴虫病、鸡球虫病、鸡住白细胞虫病、鸡白痢、鸡伤寒、溃疡性肠炎、链球菌病、绿脓杆菌病

200. 鸡运动障碍怎样鉴别诊断？

（1）运动障碍 在肉鸡饲养中，常有跛行、麻痹、不愿意走动、腿软、脚爪变形、瘫痪、关节增大、肌肉钙化等运动障碍性疾病发生，该病的发病原因比较复杂，大体来说有营养代谢引起的如钙磷比例失调、蛋白质摄入过量引起的痛风、尿酸盐排泄造成的肾功能障碍；黄曲霉素、磺胺类球虫药、呋喃唑酮等引起的中毒；维生素D_3、维生素A、B族维生素和维生素E缺乏造成的运动障碍；矿物质锌和锰缺乏引起骨扭转和弯曲；细菌感染如传染性滑液囊炎（支原体病）引起的冠苍白，生长停止，关节（特别是趾关节和跗关节）肿大，跛行，喜蹲下，跗关节或脚垫肿胀，滑液囊中有黏稠、灰黄色渗出物，其他诸如大肠杆菌、沙门氏菌、葡萄球菌、巴氏杆菌、弯杆菌等感染引起的腿部及关节红肿、发热、疼痛等；新城疫、马立克氏病、传染性脑脊髓炎和病毒性关节炎引起的运动障碍；膝螨虫病、卡氏住白细胞虫病等寄生虫引起的运动障碍。

（2）运动障碍的特征性症状

①腿痛站立不稳：为钙磷比例失调、痛风。

②两腿劈叉：雏鸡为脑脊髓炎、维生素E缺乏，较大的鸡只患马立克氏病的可能性较大。

③关节炎：多为葡萄球菌感染、滑液囊支原体病和营养缺乏症。

④腿脱腱，足底和趾皮肤龟裂、出血，足垫皮炎：白血病或生物素缺乏症。

⑤扭转、抬头望天、瘫痪：可能是B族维生素缺乏症、硒缺乏症、新城疫，结合其他症状可鉴别。

⑥腿骨弯曲、运动失调、关节肿大：滑液囊支原体病、病毒性关节炎、胆碱缺乏症。

⑦长骨粗短、跗关节肿大、腿脚皮肤鳞片状、两腿软弱、运动失调：铜缺乏症或锌缺乏症。

⑧转圈、脚麻痹、趾卷曲、头向后弯呈观星状：B族维生素缺乏症。

⑨病腿几乎无力、身体坐在腿上呈蹲伏姿态：维生素D_3缺乏症。

⑩病冠苍白、运动失调、两腿瘫软：卡氏住白细胞虫病。

⑪鸡爪和小腿有鳞片、有石灰痂皮：膝螨虫病。

201. 鸡呼吸困难怎样鉴别诊断？

（1）呼吸困难 是一种复杂的病理性呼吸障碍，表现为呼吸频率的增加和深度与节律的改变，同时伴随辅助呼吸肌参与呼吸运动，其特点是呼吸深度和节律增加，呼吸用力。高度的呼吸困难称为气喘。临床上病鸡呼吸困难主要表现为伸颈张口呼吸，甩头，发出高亢的叫声，有时伴随流鼻、咳嗽、呼吸性啰音及冠髯发绀等症状（图7-1）。

图7-1 病鸡呼吸困难

（2）呼吸困难发生的原因 临床上呼吸系统疾病的发生多数是由一系列复杂因素对机体的损害引起的，其中以病毒、细菌或霉菌、支原体、寄生虫等生物性因素病，鸡舍卫生状况差、群密度过大、饲料质量低劣等饲养管理因素和气候突变、温度骤降、大风等气候因素为主。此外，呼吸系统的解剖学特点也是导致发病的重要因素：与其他脊椎动物相比，禽类的呼吸系统除具有上呼吸道、气管和肺之外，还包括一套复杂的气囊。一旦呼吸系统的某部分发生感染，病原体就会迅速扩散到气囊，并进一步侵入胸腔、腹腔，引起气囊炎、心包炎、肝周炎和腹膜炎等。

近年来，由于气候异常，干燥、多风、天气多变等众多因素的存在使得呼吸道疾病频发。新城疫、禽流感、传染性支气管炎、传染性喉气管炎、鸡毒支原体感染、传染性鼻炎、禽曲霉菌病、禽大肠杆菌病、禽霍乱、禽比翼线虫病等都有呼吸困难、咳嗽等呼吸道症状，临床上容易造成误诊，要注意区别。

202. 产生免疫抑制的因素有哪些？

（1）病毒性因素　在雏鸡和青年鸡群中，由不同的免疫抑制性病毒感染诱发的免疫抑制疾病越来越常见，由此造成的经济损失越来越严重，其主要表现：影响鸡群的生产性能，导致多种其他不同的细菌性和病毒性继发感染，造成对特定疫苗免疫反应的抑制作用，如导致对新城疫病毒 、禽流感病毒疫苗抗体降低，有效抗体滴度持续时间缩短。

（2）营养原因　某些氨基酸、维生素和微量元素是免疫器官发育，淋巴细胞分化、增殖，抗体和补体合成的必需物质，若缺乏必然导致机体免疫功能抑制。如抗体（免疫球蛋白）合成需要以氨基酸为原料，因此必须给予机体充足的饲料蛋白质；维生素A缺乏，使消化道和呼吸道黏膜受到损伤，局部黏膜免疫系统功能低下；维生素C缺乏，导致机体的抗应激能力降低；矿物质和微量元素缺乏，会导致免疫器官萎缩，体液免疫和细胞免疫功能降低。在生产中要根据家禽的生长和生产需要配制饲料，保证机体产生抗体等所需的蛋白质，避免鸡群营养不良或患有慢性营养消耗性疾病所导致的免疫反应低下。当鸡群处于免疫或应激时，应加大维生素C、维生素A、维生素E和硒的添加量。

（3）饲养管理和应激因素　鸡舍通风不良，大量二氧化碳等有害气体蓄积，刺激呼吸道、眼等黏膜系统，都会使局部黏膜系统的免疫功能低下。应激时血压升高，血液中肾上腺皮质类固醇激素的含量升高，使胸腺、淋巴组织和法氏囊退化，导致免疫器官对抗原的应答能力降低。在生产中要给鸡群提供一个安静舒适的环境，避免鸡群过分拥挤、通风不良、有害气体过多等情况对上呼吸道黏膜的损害。

（4）药物和毒物因素　许多药物对机体免疫系统有抑制作用。糖皮质类激素如地塞米松长期或者大剂量使用，可使法氏囊淋巴细胞死亡，因而有免疫抑制作用。长期在饲料中添加土霉素，可破坏T淋巴细胞，使体内抗体形成受到抑制。链霉素、新霉素、庆大霉素和卡那霉素有抑制淋巴细胞转化的作用，对抗体生成也有抑制作用。因此，在临床上根据病情合理选择抗菌药物，疗程要适当，避免长期使用。某些毒物如黄曲霉毒素可抑制禽类抗体的合成，使胸腺、法氏囊、脾萎缩，导致机体免疫抑制。现在我们意识到在家禽饲料中存在的低水平的霉菌毒素可能导致生产性能下降、免疫力被削弱、对传染性疾病和肿瘤的抵抗力降低。

203. 怎样鉴别鸡胚胎病？

孵化早期胚胎对于体温的调节能力比较缺乏，所以当孵化器内的温度发生变化时，胚胎的承受能力有限，就会发生相应的病变。胚胎病的诊断如下：

（1）温度过高 如果胚孵化的前一天孵化的温度过高，当温度高出标准范围而低于42℃时，胚胎便会呈现出无定形的团块状态，或因血管网的发育呈现缓慢衰退表现，最严重的情况是胚胎死亡；而胚胎处于孵化2 ～ 3天时，温度过高会导致胚膜出现皱缩现象，而且通常和脑膜粘连，引起头部畸形，发生畸形的胚胎一般可以存活至孵化后期，有的可以存活至出壳，却不会成活；如果孵化的3 ～ 5天温度过高，胚胎易出现异位情况，或在腰腔未接合之前沉入卵黄内部。孵化第1周内的胚胎死亡率升高，一般都是温度过高造成。胚胎发育过程温度太高，会导致血液循环紊乱，从而引起局部充血和出血，羊膜与尿囊膜可见囊肿。

胚胎孵化时温度长期过高，会导致胚胎发育速度加快，尿囊早期萎缩，过早吸壳现象出现。这样高温条件孵化的雏鸡一般都体质弱，绒毛生长差，而且卵黄吸收不良。有的胚胎脐部可见出血现象，脐环没有闭合。即使是孵出幼雏以后，一般也会有蛋白残渣留在蛋壳里面。有些蛋白即使能被幼雏吸收，可幼雏还是会死于壳内。观察死胎发现其体位扭曲，蛋白和蛋黄的吸收差，还表现内脏器官充血。若仅仅在胚胎孵化后期的温度过高，那么会抑制胚胎的生长，胚胎对蛋内营养物质的吸收利用必然受到影响，很多酶的活性也会受高温影响，从而导致物质代谢障碍。温度过高还会使心脏的搏动加强，出现心脏麻痹和心肌出血的现象。

（2）温度过低　孵化温度低主要是影响胚胎发育甚至停滞，如果低温处于孵化初期与中期，胚胎不会出现大量死亡。孵化到第11天时的温度偏低，蛋壳的内部表面没有被胚胎的尿囊全部包裹，尿囊没有闭合，胚胎对蛋白的利用降低。孵化的温度过低，会导致幼雏鸡出壳时间推后，严重的会推后几天。孵出的幼雏体质弱且瘦，站立不起来，腹部变膨大，有的时候会出现腹泻现象。幼雏从壳内出来以后，一般会有脏的血性液体留在蛋壳里面。有的弱雏却不能从壳里出来，典型的症状是颈部可见黏液性水肿，肝变得肿大，胆囊也会胀大，同时心脏扩张，有的还可见到肾水肿或者呈现畸形的胚体，卵黄黏稠，暗绿色。

（3）氧气缺少　胚胎在孵化过程中需要很多氧气，尤其是中期，后期需要的氧气更多。蛋壳里面的胎位不正，就会不同程度地压迫气室，导致胚胎窒息而死亡。除此之外，如果有破蛋的碎块、蛋白性液体或者尘埃堵塞孵化蛋表面的细孔，也会出现胚胎窒息的可能。

（4）翻蛋不当　孵化的整个时间段内，蛋应该是从一侧向另一侧翻。如果没有进行翻蛋，或者是让蛋呈垂直的状态进行孵化而位置不变，朝着蛋壳侧的蛋黄与胚体会出现干涸，并且和蛋壳粘连一起，最后全部死亡。

（5）胚胎病的防治　胚胎病的防治原则是预防为主，同时采取相应的综合性措施。种群的饲养和管理工作要保证到位，确保种蛋营养全面。种群中蛋传递性疾病要彻底清除。保管好种蛋，制定全面的孵化制度，避免发生胚胎病。

第八章　肉鸡主要疾病防治技术

第一节　病毒性疾病

204.怎样防治禽流感?

禽流感是由A型流感病毒引起的以禽类传染发病为主的剧烈传染病。该病毒不仅血清型多，而且自然界中带毒动物多、毒株易变异，这为禽流感病的防治增加了难度。家禽发生高致病性禽流感具有疫病传播快、发病致死率高、生产危害大的特点。该病对于养禽业是一种毁灭性疾病，每次暴发都给养禽业造成巨大的经济损失。

20世纪全世界共发生了17次较大规模的禽流感，但进入20世纪90年代后，禽流感的发病频率加快，传播范围更广。禽流感不仅对家禽业构成了极大威胁，而且属于A型流感病毒的禽流感的某些强致病毒株也可能引起人的流感，因此这一疾病引起了国内外的高度重视。

[临床症状]

禽流感多发于冬春和秋冬交替季节。主要表现为体温升高，精神沉郁，采食量下降或停止采食，羽毛松乱，母禽产蛋量下降15%～70%不等。有呼吸道症状，如咳嗽、喷嚏，呼吸困难，张口呼吸，并发出“咯咯”的叫声。鸡冠发绀，病禽头和面部水肿，流泪，眼睑、肉髯肿胀，结膜发炎，眼鼻分泌物增多，并有灰色和红色渗出血点，腹泻。后期部分有头、腿麻痹，头颈扭转，共济失调，抽搐等神经症状，最后昏迷死亡（图8-1）。产蛋率大幅度下降。病程稍长的多伴有继发感染。强毒株引起的急性暴发的可不见明显症状而大批死鸡，死亡率可达80%～100%；非急性暴发的死亡率10%～50%不等。

脚皮下出血

病鸡头部肿胀、皮下出血、肉髯发绀

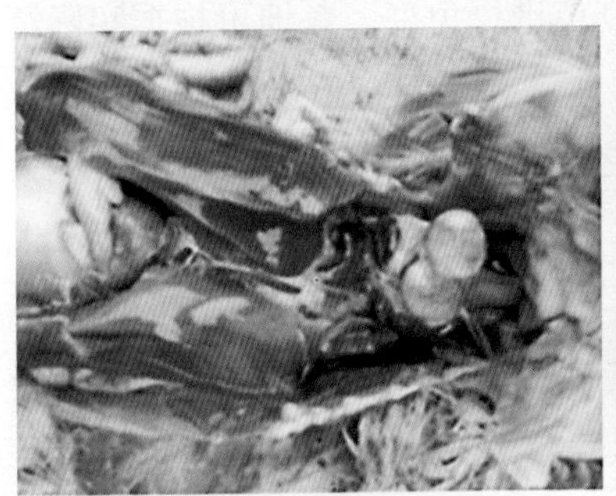

气囊充血、出血

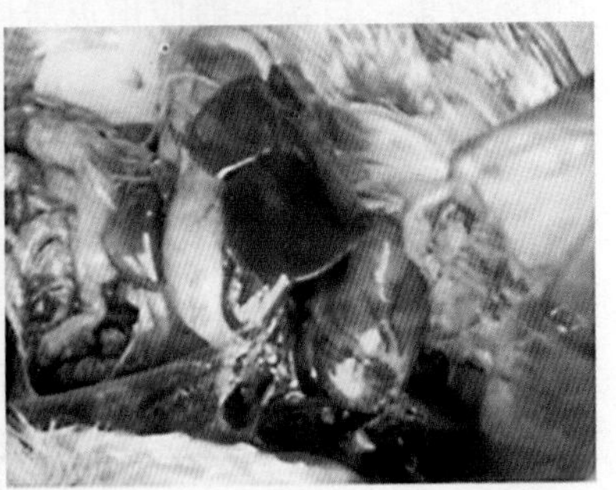

内脏实质器官充血、出血严重

图8-1　禽流感临床症状

[综合防制措施]

由于禽流感病原的多型性、易变性，宿主的广泛性，传播途径的多样性，病症的复杂性等因素，对其防制必须采取综合性措施。养鸡场一旦发生禽流感，治疗没有意义，必须立即上报当地主管部门并全部扑杀处理。因此，平时防疫工作就显得尤其重要。

（1）预防措施

①不从疫区或疫病流行情况不明的地区引种或调入鲜活禽产品。

②养禽场饲养家禽品种单一，不将不同品种的家禽或畜禽混养，推行全进全出的饲养制度；养禽场及其工作人员不养其他畜禽。

③控制外来人员和车辆进入养禽场，确需进入则必须消毒。生

产中的运饲料和运禽产品的车辆要分开专用。

④不将外界的鲜活畜禽产品带入养禽场。养禽场工作人员上班要穿工作服、工作靴，戴口罩，进出养禽场必须更衣。

⑤加强饲养管理。在高发区域，每天可用过氧乙酸、次氯酸钠等开展1～2次带禽消毒和环境消毒，平时每2～3天带禽消毒1次。尽可能减少家禽的应激反应，必要时在饮水或饲料中增加0.02%的维生素C和0.1%的维生素E，提高家禽抗应激能力。

（2）免疫接种 免疫接种是控制禽流感流行的最主要措施。由于禽流感血清型较多，而且交叉保护性差。因此，接种疫苗时，必须针对当地流行的亚型，选择相应的亚型疫苗免疫，方可取得良好的免疫效果。目前一般应用灭活疫苗进行免疫。各地可根据实际情况，制订适当的免疫程序。

参考免疫程序：7～10日龄之间免疫第1次，30日龄左右免第2次，60～65日龄免第3次，110～120日龄免第4次，220日龄以后每隔3个月免疫1次。

为进一步做好高致病性禽流感防控工作，2017年7月，农业部制定了《全国高致病性禽流感免疫方案》，决定从2017年秋季开始，在家禽免疫H5亚型禽流感的基础上，对全国家禽全面开展H7N9免疫。在2017年秋季统一用重组禽流感病毒（H5+H7）二价灭活疫苗（H5N1 Re-8株+H7N9 H7-Re-1株）替代重组禽流感病毒H5二价或三价灭活疫苗。

（3）病发处理 早期确诊，严格封锁，快速制定相应的防疫措施。发现鸡群中出现有禽流感临床症状的可疑病禽，应立即组织人员会诊，进行深入的流行病学调查，进一步确定鸡群的发病情况。查清发病鸡群的日龄、临床症状、病死率、发病鸡舍的数量、传染力大小、疫情传播的速度、死亡病鸡的剖检变化等。研究、制定相应的防疫措施。必须在24小时内上报各级畜牧兽医部门，决不允许瞒报和谎报疫情。严格规范高致病性禽流感确认的程序，划定疫区，及时采取扑灭措施。采用掩埋措施时，埋尸坑的深度必须在

2米以上，放入尸体后上面的土层至少要有2米厚。掩埋地点尽可能在疫区现场，以减少运输和避免运输尸体途中污染周围环境。掩埋坑应远离水源、电缆线、水管、煤气管道等设施。掩埋坑附近应设立标志，不得用于农业生产。也可在指定地点烧毁尸体。

205.怎样防治鸡新城疫?

鸡新城疫是由病毒引起的一种急性败血性传染病，俗称“鸡瘟”，即所谓的“亚洲鸡瘟”。本病一年四季均可发生，尤以寒冷和气候多变季节多发。各种日龄的鸡均能感染，20 ~ 60日龄鸡最易感，死亡率也高。主要特征是呼吸困难，神经机能紊乱，黏膜和浆膜出血和坏死。

[临床症状]

本病以呼吸道和消化道症状为主，鸡感染后，表现为呼吸困难，咳嗽和气喘，有时可见头颈伸直，张口呼吸，体温升高，可达44℃，精神萎靡，羽毛松乱，呈昏睡状。冠和肉髯暗红色或黑紫色，剖检常见消化器官充血或卵巢充血（图8–2）。嗉囊内常充满液体及气体，喉部发出“咯咯”声；粪便稀薄、恶臭，一般2 ~ 5天死亡。亚急性型或慢性型症状与急性型相似，唯病情较轻。用药物治疗效果不明显，出现神经症状，腿、翅麻痹，运动失调，头向后仰或向一边弯曲等，病鸡逐渐脱水消瘦，病程可达1 ~ 2个月，多数最终死亡。

[综合防治措施]

（1）预防措施　新城疫的预防工作是一项综合性工程。饲养管理、防疫、消毒、免疫、治疗及监测六个环节缺一不可。不能单纯依赖疫苗来控制疾病。加强饲养管理和兽医卫生，注意饲料营养，减少应激，提高鸡群的整体健康水平；特别要强调全进全出和封闭式饲养制，提倡育雏、育成、成年鸡分场饲养方式。严格防疫消毒制度，杜绝强毒污染和入侵，防止动物进入易感鸡群，工作人员、车辆进出须经严格消毒处理。

卵巢充血、出血

腺胃乳头坏死、肠道坏死

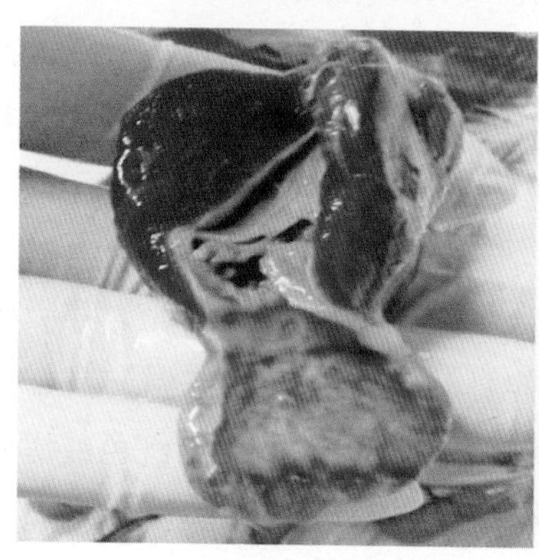
肌、胃腺胃出血

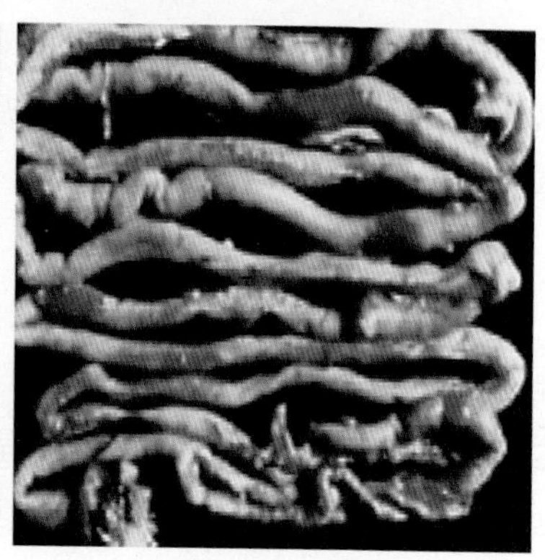
肠道充血、出血

图8–2 新城疫临床症状

（2）免疫接种 建立科学的适合于本场实际的免疫程序，充分考虑母源抗体水平，疫苗种类及毒力，最佳剂量和接种途径，鸡品种和年龄。坚持定期的免疫监测，随时调整免疫计划，使鸡群始终保持有效的抗体水平。一旦发生非典型新城疫，应立即隔离和淘汰早期病鸡，全群紧急接种3倍剂量的Lasota（Ⅳ系）弱毒活疫苗，必要时也可考虑注射Ⅰ系弱毒活疫苗。如果把3倍剂量的Ⅳ系活苗与新城疫油乳剂灭活疫苗同时应用，效果更好。

参考免疫程序如下：7～10日龄时，用新城疫弱毒活疫苗和（或）灭活疫苗初免；2周后，用新城疫弱毒活疫苗加强免疫一次。

（3）病发处理 鸡群一旦发生本病，首先将可疑病鸡检出焚烧或深埋，被鸡新城疫污染的羽毛、垫草、粪便和病变内脏亦应深埋或烧毁。封锁鸡场，禁止转场或出售，立即彻底消毒环境，并给鸡群进行注射抗病毒中成药配合刀豆素混合饮水，每瓶用于1 000只成年鸡，2 000只雏鸡，病情严重的连用2 ~ 3天。

206.怎样防治鸡传染性法氏囊病?

传染性法氏囊病是由传染性法氏囊病病毒引起的一种急性、高度接触性传染病。本病往往突然发生、传播迅速，在鸡群中发现有病鸡时，全群鸡几乎已全部感染。

[临床症状]

本病以腹泻、颤抖、胸肌、腿肌、腺胃与肌胃交界处出血、法氏囊呈胶冻样水肿，严重者呈“紫葡萄”样为主要临床病理特征(图8–3)。本病自然感染的潜伏期为1 ~ 5天。发病突然，精神萎靡、羽毛凌乱、采食减少或废绝、缩头眼闭、蹲伏无力，畏寒，震颤，常打堆在一起。随后出现腹泻，排出白色黏稠和水样稀粪，泄殖腔周围的羽毛被粪便污染。后期体温低于正常，严重脱水，极度虚弱，最后衰竭死亡。死亡率高达20% ~ 30%。本病一年四季均可发生，4 ~ 9月高发，主要发生于2 ~ 15周龄的鸡，3 ~ 8周龄的鸡最易感染。

肾肿大、出血　　　　腺胃黏膜条状出血

图8–3　鸡传染性法氏囊病解剖图

[综合防治措施]

(1)预防措施

①加强饲养管理，保证饲料营养全面，定期消毒。

②做好免疫接种，制订合理的免疫程序。

（2）免疫接种 首先，确定首免日龄。首免日龄是由雏鸡的母源抗体水平决定的，如果种鸡在115日龄和300日龄各接种过1次法氏囊病灭活油乳剂疫苗，雏鸡有较高的母源抗体，传染性法氏囊病首免时间应在14 ～ 15日龄。而种鸡在115日龄接种过1次传染性法氏囊病灭活油乳疫苗，雏鸡的母源抗体处于中等水平，应在10日龄接种。如果种鸡根本没有接种过传染性法氏囊病灭活油苗，雏鸡几乎没有母源抗体，免疫时间应在5 ～ 6日龄。因此，进雏时最好由供雏鸡厂家提供合理的免疫程序，如果不能提供，向种鸡场了解一下种鸡接种传染性法氏囊病灭活油苗的情况，作为参考依据以确定首免日龄。

参考免疫程序：6日龄，鸡传染性法氏囊病（B87）冻干疫苗1.5头份滴口；15日龄，Hot株冻干疫苗1.5头份滴口或饮水；25日龄Hot株冻干疫苗2头份滴口或饮水。

（3）病发处理 如果鸡群暴发传染性法氏囊病，应立即注射高免卵黄抗体。一般要求在发病的早中期，先注射健康鸡，再注射假定健康鸡，最后注射发病鸡。由于卵黄抗体的保护期一般为5 ～ 7天，因此注射不宜过早，注射过早病程容易反复。视鸡体大小，每只鸡注射1 ～ 2毫升。提高鸡舍温度2 ～ 3℃，40日龄前不应低于26℃，提高温度效果明显，避免各种应激反应。降低饲料中粗蛋白质含量，多维素加倍。使用抗生素防止细菌的继发感染，并添加缓解肾负担的药。新城疫Lasota弱毒活疫苗2倍量饮水。

207.怎样防治鸡传染性支气管炎？

鸡传染性支气管炎，简称鸡传支，是一种急性、高度接触性传染病，病原为传染性支气管炎病毒，属于冠状病毒科冠状病毒属第三亚群的病毒。该病主要侵害鸡的呼吸系统、消化系统及泌尿生殖系统，根据组织嗜性和损害的主要器官，致病表现型主要分为呼吸型、肾型、腺胃型，还有病毒变异毒株引起的其他表现型。

[临床症状]

本病在幼雏表现的症状较严重，死亡率可达到25%以上，6周龄以上的死亡率一般不高，病程一般多为1 ~ 2周。产蛋鸡的产蛋量下降30% ~ 50%，畸形蛋、软壳蛋、薄壳蛋增多。无前期症状，全群几乎同时突然发病。最初表现为呼吸道症状，雏鸡叫声尖锐，精神不振、食欲下降或不食、低头缩颈、羽毛逆立、不爱活动、腹泻、时有咳嗽、打喷嚏、鼻流清液、伸颈、甩头、呼吸困难、张口呼吸，发出“咕噜”异常呼吸音，尤其是夜晚更甚，呼吸声更明显，犹如拉风箱，随着病程的延长，全身症状加剧，精神委顿，食欲废绝、翅下垂、嗜睡、怕冷打堆、病鸡逐渐消瘦、体重减轻。肾型和腺胃型传染性支气管炎还会出现腹泻，排水样白色稀粪，粪便内含大量尿酸盐。鸡传染型支气管炎内脏解剖症状见图8-4。

肠道充满气体、直肠出血

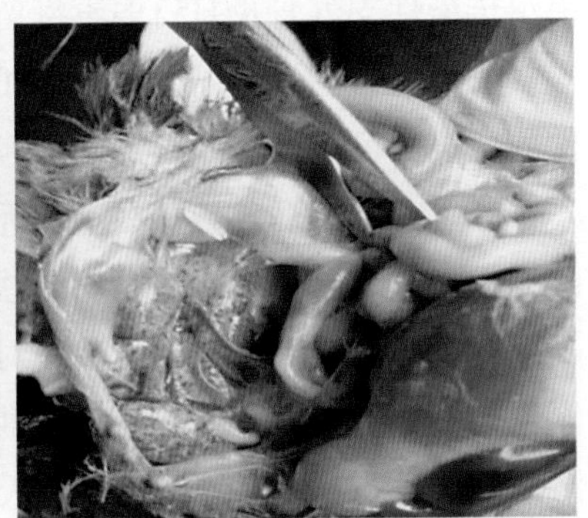

肾肿大、点状出血

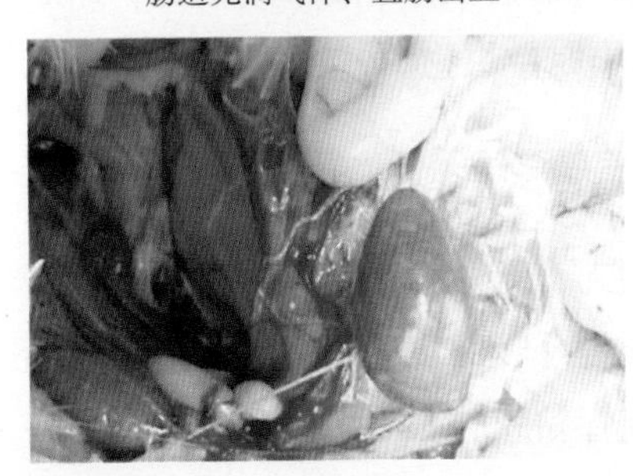

脾肿大、出现变色坏死灶

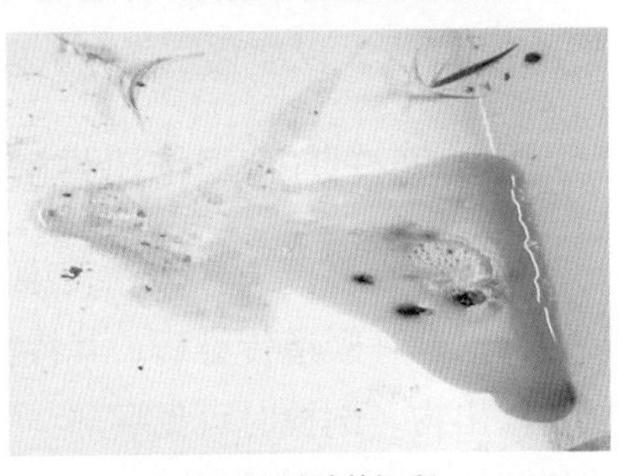

输尿管尿酸盐沉积

图8-4　鸡传染性支气管炎内脏解剖症状

[综合防治措施]

（1）预防措施 加强饲养管理，坚持全进全出制，严格卫生消毒措施，进雏前全场进行彻底清洗消毒，进雏后定期带鸡消毒，注意减少对鸡呼吸道黏膜的刺激，避免造成不良应激；随蛋鸡的生长和季节变化，合理降低饲养密度，注意温度、湿度变化，避免气候环境应激；鸡舍要注意通风换气，特别是秋冬季闭户保温的时间较长，要防止有害气体浓度超标，引发鸡传染性支气管炎；给予优质全价饲料，并保证充足清洁饮水，合理应用维生素，尤其是维生素A、维生素E、维生素C的用量可加倍应用，适量添加矿物质并保持含量均衡；本病康复鸡禁止用作种鸡，所产蛋也不能用作种蛋。

（2）免疫接种 鸡传染性支气管炎首免一般定于7～10日龄，用鸡传染性支气管炎H120弱毒疫苗点眼或滴鼻；二免为30日龄，用鸡传染性支气管炎H52弱毒疫苗点眼或滴鼻；开产前用鸡传染性支气管炎灭活疫苗肌内注射每只0.5毫升。另外，根据当地流行毒株的情况，可选择与流行毒株相匹配的疫苗。

（3）病发处理 该病目前尚无特异性治疗方法，采取改善饲养条件、降低鸡群密度、在饲料或饮水中添加抗生素以防止继发感染等综合措施，具有一定的作用。对发病鸡全部换舍隔离，死雏集中深埋，健雏更换场地，原用鸡舍彻底用清水冲洗并用3%的甲醛热溶液喷洒消毒，1次/天，连用3天；饲槽和饮水器等用具用水洗净后再用0.1%的新洁尔灭浸泡消毒；同时用消毒液带鸡消毒，2次/天，连用5天，以净化空气，杀灭病原微生物。

208.怎样防治鸡传染性喉气管炎？

鸡传染性喉气管炎是由传染性喉气管炎病毒引起的一种急性、接触性上部呼吸道传染病。其特征是呼吸困难、咳嗽和咳出含有血样的渗出物。剖检时可见喉部、气管黏膜肿胀、出血和糜烂。本病传播快，死亡率较高，在我国较多地区发生和流行，危害养鸡业的发展。本病一年四季均可发生，秋冬寒冷季节多发。本病一旦传入鸡群，则迅速传开，感染率可达90%～100%，死亡率一般在10%～20%或20%以上，最急性型死亡率可达50%～70%，急性型死亡率一般在10%～30%，慢性型或温和型死亡率约5%。

[临床症状]

发病初期，常有数只病鸡突然死亡。患鸡初期有半透明状鼻液，眼流泪，伴有结膜炎，其后表现为特征性的呼吸道症状，呼吸时发出湿性啰音，咳嗽，有喘鸣音，病鸡蹲伏于地面或栖架上，每次吸气时头和颈部向前向上、张口，表现出尽力吸气的姿势，有喘鸣叫声。严重病例，高度呼吸困难，痉挛咳嗽，可咳出带血的黏液，可污染喙角、颜面及头部羽毛。鸡舍墙壁、垫草、鸡笼、鸡背羽毛或邻近鸡身上沾有血痕。若分泌物不能咳出堵住气管时，病鸡可窒息死亡。病鸡食欲减少或消失，迅速消瘦，鸡冠发灰，有时还排出绿色稀粪，最后多因衰竭死亡。产蛋鸡的产蛋量迅速减少（可达35%）或停止，康复后1～2个月才能恢复。

[综合防治措施]

（1）预防措施 加强饲养管理，改善鸡舍通风，注意环境卫生，并严格执行消毒卫生措施。做好防疫卫生工作，不与有本病的疫区鸡、饲料和人员交流往来。不要引进病鸡和带毒鸡。在附近鸡场发病时，采取彻底的隔离饲养措施，防止本病的侵入。每天可用消毒剂进行1～2次气溶胶消毒，以杀死鸡舍中的病毒。没有本病发生的地区最好不使用疫苗，在本病流行或受威胁地区，用疫苗接种。

（2）免疫接种 免疫接种现有的疫苗有弱毒冻干活疫苗、灭活苗和基因工程苗等。制订免疫程序时，应根据当地本病的疫情状况、饲养管理条件、疫苗毒株的特点、鸡群母源抗体水平等来决定，以便选择适当的免疫时间，有效地发挥疫苗的保护作用。下面提供几种免疫程序以供参考。

①未污染的蛋鸡和种鸡场：50日龄时进行首免，选择弱毒冻干活疫苗，以点眼的方式进行接种，90日龄时用同样疫苗同样方法再

免1次。

②污染的鸡场：30 ～ 40日龄进行首免，选择冻干活疫苗，以点眼的方式进行接种，80 ～ 110日龄用同样疫苗同样方法进行二免；或20 ～ 30日龄首免，选择基因工程苗，以刺种的方式进行接种，80 ～ 90日龄时选用冻干活疫苗，以点眼的方式进行二免。

（3）病发处理 发病时投喂或注射抗病毒药物，并用抗菌药物防止继发感染。饲养管理用具及鸡舍要进行消毒。来历不明的鸡要隔离观察，可放数只易感鸡与其同饲养，观察2周，不发病，证明不带毒，这时方可混群饲养。病愈鸡不可和易感鸡混群饲养，耐过的康复鸡在一定时间内带毒、排毒，所以要严格控制易感鸡与康复鸡接触，最好将病愈鸡淘汰。

209.怎样防治鸡痘?

鸡痘是由鸡痘病毒引起鸡的一种急性、接触性传染病，多年来在全国各地都有发生。本病的特征是在鸡的无毛或少毛的皮肤上发生痘疹，或在口腔、咽喉部黏膜形成纤维素性坏死性假膜。在集体或大型养鸡场易造成流行。

[临床症状]

本病一般以皮肤型者居多，在冠、肉垂、嘴角、眼皮、耳球和腿、脚、泄殖腔及翅的内侧等部位形成痘疹（图8–5）。白喉型鸡痘会引起呼吸困难、流鼻涕、流眼泪、脸部肿胀、口腔及舌头有黄白色的溃疮。混合型鸡痘上述两种类型的症状同时存在，死亡率较高。

图8–5 鸡痘临床症状

[综合防治措施]

（1）免疫接种 本病最好的防治方法，是按时限给鸡接种鸡痘疫苗，但要注意其免疫力的时限，雏鸡具备免疫抗体保护力为2个月，育成鸡为5个月。一般在20 ～ 30日龄和开产前各接种1次，鸡群可得到较好的保护。在秋季或夏秋之际进的雏鸡免疫应该提前到15日龄内，其他季节可以推迟到30～40日龄；免疫应该和断喙错开3天以上，否则容易诱导发病。

（2）病发处理　发生鸡痘时，要严格隔离病鸡，全群消毒，对鸡舍、墙壁、用具要用2%的氢氧化钠溶液进行消毒。死鸡要焚烧后深埋。大群治疗时可在饮水中加入抗病毒中药和抗生素药物，饲料内加入0.2%土霉素或硫酸新霉素等药物，配以中药更好。对于病重鸡，皮肤型可用镊子剥离，伤口涂2%的碘酊消毒，于鼻部上撒少许喉症散或六神丸粉，1次/天，连用3天即可。白喉型可用镊子将口腔或咽喉黏膜上的假膜剥离取出，伤口涂碘甘油消毒，口腔内喷冰硼散，1次/天。病变发生在眼部时，可用手将眼内的干酪样物挤出，并用2%的硼酸溶液冲洗干净，然后滴入5%的蛋白银溶液。

210. 怎样防治鸡白血病？

鸡白血病是由禽白血病病毒引起的一种慢性传染性肿瘤病。

[临床症状]

患淋巴细胞性白血病的鸡主要表现消瘦、沉郁、冠及肉髯苍白或暗红，常见腹泻及腹部肿大。患成红细胞性白血病的除见软弱、消瘦外，常见毛囊出血。内皮瘤的病鸡皮肤上见单个或多个肿瘤，瘤壁破溃后常出血不止。成骨髓细胞性白血病除见成红细胞性白血病的症状外，龙骨、肋骨、胸骨和胫骨有异常隆凸。有的病鸡常因肾肿瘤的增大而压迫坐骨神经出现瘫痪的病状。骨化石症病鸡见胫骨增粗常呈穿靴样的病状。

[综合防治措施]

鸡发生本病后没有特效药物治疗，目前也没有合适的疫苗对该病进行免疫预防。因此，只能通过加强饲养管理，切断传播途径来控制本病的发生与流行。结合近年来国内的防控实践，建议大中型鸡场采取如下综合防控措施：

（1）定期检疫 对种鸡群进行淋巴白血病检疫，淘汰阳性鸡。

（2）搞好消毒 对鸡舍用具要定期消毒，对进出车辆、人员也要切实进行消毒。全进全出后，对鸡舍进行熏蒸消毒。

（3）加强饲养管理 平时要加强鸡群饲养管理，合理配制饲料，避免饲料发霉变质，合理添加微量元素和维生素，提高鸡群抵抗力。

（4）做好相关疾病免疫 如果新城疫、鸡马立克氏病、鸡传染性法氏囊病疫苗接种工作到位，鸡的全身免疫力就有保障；如果接种不好，如鸡群发生传染性法氏囊病，鸡群对白血病的抵抗力也会降低，感染本病时表现就重，损失就大。

第二节 细菌性疾病

211.怎样防治鸡大肠杆菌病？

鸡大肠杆菌病是由致病性大肠杆菌引起的各种鸡的急性、慢性细菌性传染病，是一种常见多发病，各个品种和各年龄的鸡均可发生。该病会引起包括大肠杆菌性腹膜炎、输卵管炎、脐炎、滑膜炎、气囊炎、肉芽肿、眼炎等多种疾病，对养鸡业危害较大。

[临床症状]

鸡大肠杆菌病没有特征性的临床表现。初生雏鸡感染此病，可发生脐炎，俗称“大肚脐”，病雏精神沉郁，少食或不食，腹部大，脐孔及其周围皮肤发红，水肿，病雏多在1周内死亡或淘汰，有的病雏表现为腹泻，精神、食欲差，1～2天内死亡。产蛋鸡感染表现为产蛋量不高，产蛋高峰上不去，产蛋高峰维持时间短，鸡群死淘率增加，病鸡鸡冠萎缩，腹泻、食欲下降。

[综合防治措施]

（1）预防措施 该病的预防应从种鸡的管理入手，种蛋在入孵前，应用高锰酸钾和福尔马林熏蒸消毒，也可用1% 硫酸锌或1% 新洁尔灭浸泡消毒。育雏舍要经过清扫、冲洗、喷雾和熏蒸四步消毒。日常应选用几种广谱、高效、低毒的消毒液定期交替喷雾消毒，尽可能减少鸡舍环境中的细菌数量。在育雏期要保证适宜的温度和湿度，要及时分群，切忌密度过大和通风不良。鸡群还应饮用一些抗菌消炎的药物和多维电解质，以增强鸡群的抗病力。

（2）免疫接种　大肠杆菌多价苗，由于大肠杆菌的血清型众多，比较复杂，不同地区、不同鸡场存在的大肠杆菌血清型的多样性和差异性，给疫苗的生产带来了一定的困难，所以各厂家生产的多价苗在应用范围上都有一定的局限性。大肠杆菌自家灭活苗（野菌株灭活苗），在一些较大的养鸡场可以从本场发病的鸡群中选择比较典型的病鸡，送到有条件的实验室或研究所，分离菌株制成大肠杆菌灭活菌苗，对本场的健康鸡群进行免疫有很好的效果。如能在本场连续使用一段时间就能有效地预防和控制本病的发生。

（3）病发处理　大肠杆菌有很强的耐药性，用药时要交替使用药物品种，或两种药物同时使用。用药前有条件的应通过药敏试验，选择适合的抗菌药物进行治疗，可减少用药成本，取得很好的治疗效果。一般常用的抗生素类、磺胺类、呋喃类等抗菌消炎的药物对大肠杆菌病都有一定的疗效，各种药物浓度不同，需按照说明使用。

212. 怎样防治鸡白痢？

鸡白痢是由鸡白痢沙门氏菌引起的一种传染性疾病，世界各地均有发生，是对养鸡业危害最严重的疾病之一。该病主要侵害雏鸡，在出壳后2周内发病率与死亡率最高，以白痢、衰竭和败血症过程为特征，常导致大批死亡。成年鸡感染后多是慢性经过或不显症状，病变主要局限于卵巢、卵泡、输卵管和睾丸。

[临床特征]

孵出的鸡苗弱雏较多，脐部发炎，2 ~ 3日龄开始发病、死亡，7 ~ 10日龄达死亡高峰，2周后死亡渐少。病雏表现精神不振、畏冷。羽毛逆立，食欲废绝。排白色黏稠粪便，肛门周围羽毛被石灰样粪便污染，甚至堵塞肛门。有的不见腹泻症状，因肺炎病变而出现呼吸困难，伸颈张口呼吸。患病鸡群死亡率为10% ~ 25%。耐过鸡生长缓慢，消瘦，腹部膨大。病雏有时表现关节炎、关节肿胀、跛行或原地不动。育成鸡主要发生于40 ~ 80日龄，病鸡多为病雏未彻底治愈，转为慢性，或育雏期感染所致。鸡群中不断出现精神不振、食欲差的鸡和腹泻的鸡，病鸡常突然死亡，死亡持续不断，可延续20 ~ 30天。成年产蛋鸡表现为产蛋率、孵化率下降。鸡白痢症状及解剖图见图8-6。

病鸡精神沉郁、垂头缩颈

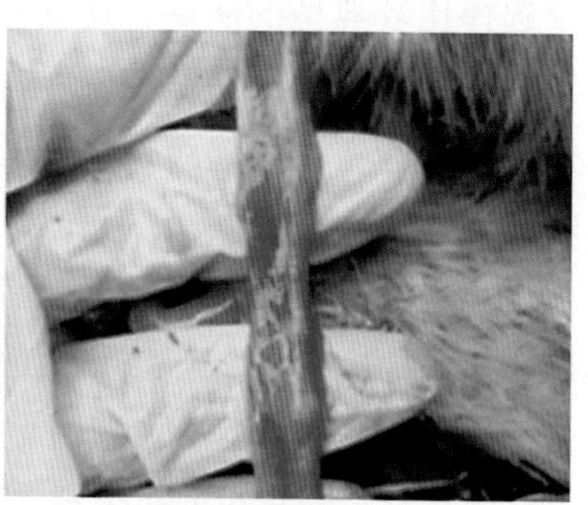

肠黏膜出血

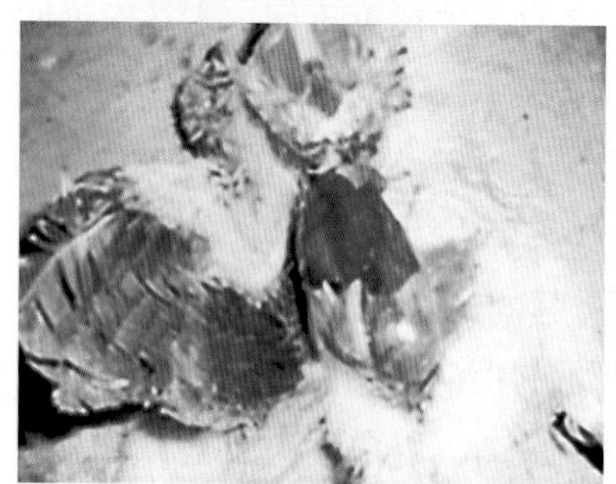

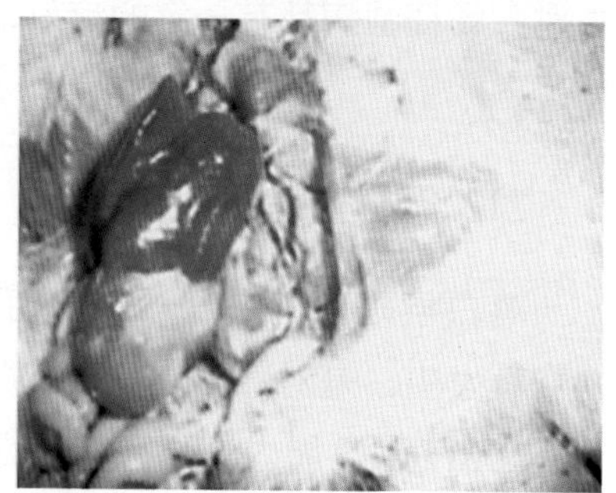

肝微肿、白色坏死

图8-6　鸡白痢症状及解剖图

[综合防治措施]

(1)预防措施

①严格消毒：孵化场要对种蛋、孵化器及其他用具进行严格消毒。种蛋最好在产蛋后2小时就进行熏蒸消毒，防止蛋壳表面的细菌侵入蛋内。雏鸡出壳后再进行一次低浓度的甲醛熏蒸。做好育雏舍、育成舍和蛋鸡舍地面、用具、饲槽、笼具、饮水器等的清洁消毒，定期对鸡群进行带鸡消毒。

②加强雏鸡的饲养管理：在养鸡生产中，育雏始终是关键，饲养应十分细心，温度、湿度、通风、光照应严格控制。

③加强检疫：沙门氏菌主要通过种蛋传染，因此种鸡应严格剔除带菌者，可通过血清学试验，检出阳性反应者予以剔除。首次检查可在阳性出现率最高的60 ~ 70日龄进行，第2次检查可在16周龄时进行，以后每隔1个月检查1次。发现阳性鸡及时淘汰，直至全群的阳性检出率不超过0.5%为止。

(2)免疫接种 沙门氏菌与大肠杆菌类似，有很多血清型，各血清型之间不产生交叉免疫，制苗菌株应该采用本场发病鸡群分离菌株制成的灭活疫苗，对本场鸡群使用效果较好，否则一般效果不明显。

(3)病发处理 本病可采用对该菌敏感的抗菌药物进行治疗。发病时可在饲料中加入土霉素，按0.1%的量拌料，连用5 ~ 7天；磺胺二甲氧嘧啶按0.01%拌料，连用5 ~ 7天；新霉素按0.02%拌料，连用3 ~ 5天；环丙沙星按50毫克/升混饮，连用3 ~ 5天。上述药物在使用时要注意交替用药，以免沙门菌形成耐药性。

213.怎样防治禽霍乱?

禽霍乱又称禽巴氏杆菌病、禽出血性败血症，是由多杀性巴氏杆菌引起的主要侵害鸡、鸭、鹅、火鸡等禽类的一种接触性急性败血性传染病。禽霍乱的特征是急性病例表现败血症，常有剧烈腹泻，病死率极高；慢性病例表现为冠、肉髯水肿、关节炎等。

[临床症状]

该病分为最急性型、急性型和慢性型3种：最急性型，不明原因突然死亡，多在流行初期；急性型，病鸡闭目呆立、不敢下水、饮水增多、精神委顿、食欲废绝、腹泻，排出的稀便似草绿色，体温在41 ～ 43℃，病程2 ～ 3天，很快死亡；慢性型，多发生在该病流行后期，消瘦、腹泻，有关节炎症状，症状见图8–7。

病鸡精神沉郁、垂头闭眼

肉髯肿大

图8–7　禽霍乱症状

[综合防治措施]

（1）预防措施　加强鸡群的饲养管理，平时严格执行鸡场兽医卫生防疫措施，以栋舍为单位采取全进全出的饲养制度，预防本病的发生是完全有可能的。一般从未发生本病的鸡场不进行疫苗接种。

（2）免疫接种　对常发地区或鸡场，药物治疗效果日渐降低，本病很难得到有效的控制，可考虑应用疫苗进行预防，但由于疫苗免疫期短，防治效果不是十分理想。在有条件的地方可在本场分离细菌，经鉴定合格后，制作自家灭活苗，定期对鸡群进行注射，经实践证明，通过1 ～ 2年的免疫，本病可得到有效控制。目前国内有较好的禽霍乱蜂胶灭活疫苗，安全可靠，可在0℃下保存2年，易于注射，不影响产蛋，无毒副作用，可有效防制该病。

（3）病发处理　群发病应立即采取治疗措施，有条件的地方应通过药敏试验选择有效药物全群给药。磺胺类药物、红霉素、庆大霉素、环丙沙星、恩诺沙星、喹乙醇均有较好的疗效。在治疗过程中，剂量要足，疗程合理，当鸡只死亡明显减少后，再继续投药2～3天以巩固疗效防止复发。

214.怎样防治鸡传染性鼻炎?

本病是由副鸡嗜血杆菌所引起的鸡的急性呼吸系统疾病。主要症状为鼻腔与窦发炎，流鼻涕，脸部肿胀和打喷嚏。本病分布广泛，发病率较高，病程长。

[临床症状]

本病的损害在鼻腔和鼻窦，发生炎症者常仅表现鼻腔流稀薄清液，常不令人注意。一般常见症状为鼻孔先流出清液以后转为浆液黏性分泌物，有时打喷嚏。脸肿胀或显示水肿，眼结膜炎、眼睑肿胀。食欲及饮水减少，或有腹泻，体重减轻。病鸡精神沉郁，脸部水肿，缩头，呆立。雏鸡生长不良，成年母鸡产卵减少；公鸡肉髯常见肿大。如炎症蔓延至下呼吸道，则呼吸困难，病鸡常摇头欲将呼吸道内的黏液排出，并有啰音。咽喉亦可积有分泌物的凝块，最后常窒息而死。

[综合防治措施]

(1)预防措施 本病发生常由于外界不良因素而诱发，因此平时养鸡场在饲养管理方面应注意以下几个方面：

①鸡舍内氨气含量过大是发生本病的重要因素，鸡舍应安装供暖设备和自动控制通风装置，降低鸡舍内氨气的浓度。

②寒冷季节气候干燥，舍内空气污浊，尘土飞扬，应通过带鸡消毒降落空气中的粉尘，净化空气，对防治本病具有积极作用。

③饲料、饮水是造成本病传播的重要途径，加强饮水用具的清洗消毒和饮用水的消毒是防病的经常性措施。

④注意清洗和消毒，对周转后的空闲鸡舍和器具应严格清洗，然后进行消毒工作；鸡场工作人员应严格执行更衣、洗澡、换鞋等防疫制度。

（2）免疫接种 目前国内使用的疫苗有A型油乳剂灭活苗和A–C型二价油乳剂灭活苗。疫苗的免疫程序一般是在25 ～ 30日龄时进行首免，每只鸡注射0.3毫升，120日龄左右进行二免，每只鸡注射0.5毫升，可保护整个产蛋期。仅在青年鸡时进行免疫，免疫期为6个月。

（3）病发处理 群发病应立即采取治疗措施，副鸡嗜血杆菌对磺胺类药物非常敏感，是治疗本病的首选药物（如磺胺二甲嘧啶、磺胺新诺敏、磺胺间甲氧嘧啶等），首次用量加倍，连用3 ～ 4天即可。如若鸡群食欲下降，经饲料给药血中达不到有效浓度，治疗效果差，此时可考虑用抗生素采取注射的办法同样可取得满意效果。一般选用链霉素或青霉素、链霉素合并应用。

215. 怎样防治鸡毒支原体病?

鸡毒支原体感染主要表现为呼吸道症状，如气管炎、肺炎、气囊炎等，所以曾经一度被称为慢性呼吸道病。这种感染是世界性分布的，国内也很普遍。在我国商品代养鸡场污染率100%，鸡群感染率可达50% ~ 80%，是对养禽业危害最为严重的疾病之一。

[临床症状]

感染最常见的症状是呼吸道症状，表现咳嗽、喷嚏、气管啰音和鼻炎。鼻炎尤其常见于火鸡，患鸡一侧或双侧眶下窦发炎、肿胀，严重时眼睛睁不开。常有鼻涕堵塞鼻孔，有时鼻孔被黏液混合物堵满，病鸡频频摇头急于甩掉，有时用翅膀拂擦鼻液致使翅上涂着鼻液变污。常出现轻度结膜炎，眼上有清性分泌物，但有时眼睛炎症也很严重。有时关节发炎出现跛行，但少见有站立不起的。

[综合防制措施]

（1）预防措施 目前国内还没有培育成无支原体感染的种鸡群，可以说所有鸡场都存在着支原体感染，在正常情况下不出现明显症状。一旦因不利因素应激，就可能暴发疾病引起死亡。所以平时一定要做好饲养管理和卫生制度，保持舍内通风，鸡群密度合理，及时清除积粪和灰尘，保证全价营养饲料供应，采用全进全出的饲养方式。

（2）免疫接种　疫苗接种是一种减少支原体感染的有效方法。疫苗有两种，弱毒活疫苗和灭活疫苗。鸡毒支原体活疫苗可选择在7日龄之前点眼免疫，肉鸡一次免疫即可，蛋鸡、种鸡可于开产前以灭活疫苗加强免疫一次。

（3）病发处理　在病初可以试用一些对支原体有抑制作用的抗生素进行治疗，抗生素可以拌在饲料内或者经过饮水投服，也可以注射。土霉素和四环素的用量为每吨饲料加400克；泰乐菌素为每4.5升水内加2 ~ 3克；北里霉素为每吨饲料添加300 ~ 500克；泰妙菌素饮水含量为120 ~ 500毫克/升，不论饮水或饲料拌服都要连用几天。如果投药效果不良，就要考虑并发病的问题，或者是病原株对所使用的抗生素具有抗药性的关系。

第三节　寄生虫疾病

216. 怎样防治鸡球虫病？

鸡球虫病是一种常见的急性流行性原虫病，该病是由艾美耳属的多种球虫寄生在鸡小肠或大肠内繁殖而引起肠道组织损伤、出血，导致鸡群出现饲料转化率降低、死亡等不同病症的一种常见原虫病。其中寄生在盲肠黏膜上皮细胞内的柔嫩艾美耳球虫的致病力量强，主要侵害3 ~ 5周龄的雏鸡，又称盲肠球虫；另一种是侵害小肠黏膜的毒害艾美耳球虫，又称小肠球虫。本病一年四季均可发生，在温暖潮湿的季节尤其多发，特别是南方的梅雨季节，由于气温相对偏高，加之降雨多，饲养密度大或卫生条件恶劣时，球虫便会大量繁殖。

[临床症状]

①急性型：病鸡表现精神委顿、嗜睡、被毛松乱、闭目缩头、呆立吊翅、喜欢拥挤在一起，嗉囊充满液体，排出带血的稀便，重者排血便。血便如果是鲜红色则有可能感染了盲肠球虫病，暗红色则可能感染了小肠球虫病。部分病鸡表现运动失调、贫血、鸡冠和面部苍白。病末期有精神症状，昏迷，两脚外翻、僵直或痉挛（图8–8）。

②慢性型：无明显症状，表现为厌食、少动、消瘦、生长缓慢、脚翅轻瘫，偶有间歇性腹泻。急性患鸡经5 ～ 10天不愈衰竭死亡或急性经过不愈者转为慢性。

鸡粪便中球虫

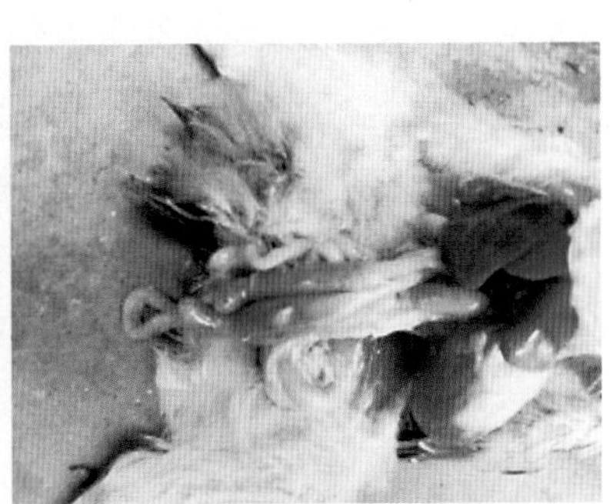

盲肠出血严重，肠道内形成血塞

病鸡排除带血粪便

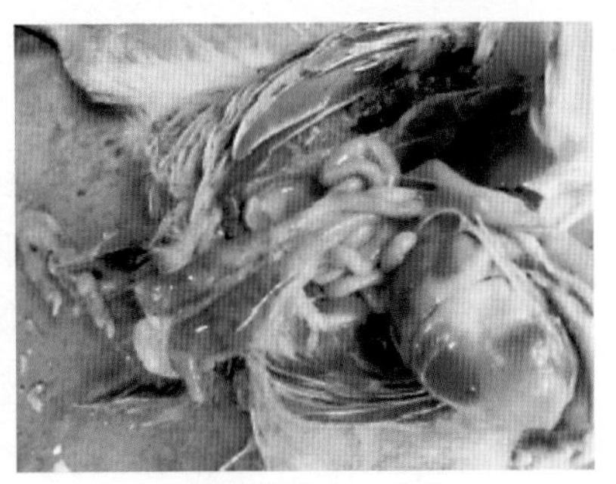

双侧盲肠肿大、出血

图8–8 鸡球虫病症状及解剖图

[综合防治措施]

（1）预防措施 强化饲养管理，保持适宜的温湿度和饲养密度，提供充足清洁的饮水和全价饲料。在本病流行季节，投喂维生素A、维生素K以增强机体免疫能力，提高抗体水平。尤其对地面饲养的鸡群要做好消毒工作，消毒是预防鸡球虫病的有效措施。做好环境卫生，处理好粪便。定期清洗鸡舍，更换垫料，保持通风干燥。圈舍、食具、用具用20%石灰水或30%的草木灰水或百毒杀消毒液（按说明用量兑水）泼洒或喷洒消毒。

（2）免疫接种　目前可供使用的疫苗有强毒苗和弱毒苗两种。虽然球虫疫苗的使用不是很普遍，但是实践证明其效果良好。据报道，国内研制成功晚熟系球虫苗以及早、中、晚熟系联合球虫苗，在1～3日龄采用拌料、混饮、滴口、喷雾等方式接种，均具有良好效果，其中以滴口法效果最佳，喷雾法应激最小。

（3）病发处理　防治鸡球虫病的药物很多，考虑药物残留和耐药性问题，建议养殖户在用药时根据当地市场的供药品种对症选用，并交替使用。一种药物可连续使用5～7天，间隔数天后再换一种药物。若天气干燥，鸡群健康，间隔时间可适当长一些。用户在使用各种抗菌药物防治鸡感染的其他疾病期间不必再使用抗球虫药物，因为一般抗菌药物对球虫病都有很好的防治作用和效果。雏鸡期可用抗球虫类药物预防球虫。较好又便宜的药物首选地克珠利、妥曲珠利。随着国家对食品安全的要求越来越高，以地克珠利、妥曲珠利为代表的三嗪类抗球虫药在家禽生产中的应用日益广泛。

217.怎样防治住白细胞虫病?

住白细胞虫病是由住白细胞虫侵害血液、肌肉和内脏器官的组织细胞而引起的一种原虫性寄生虫病。本病对雏鸡危害严重，发病率高，症状明显，常引起大批死亡。

[临床症状]

自然感染时的潜伏期为6～10天。3～6周龄雏鸡常为急性型，症状明显，死亡率高。病雏初期发热，食欲不振，精神沉郁，腹泻，粪便呈绿色，贫血，鸡冠发白，伏地不起，感染12～14天后，因咯血、呼吸困难而突发死亡，死前口流鲜血。青年鸡和成年鸡感染后病情较轻，死亡率也较低，临床上表现为精神不振，鸡冠苍白，腹泻，粪便呈绿色、含较多黏液，体重下降，发育受阻，产蛋量下降或停止产蛋。剖检可见全身性皮下出血，白冠。肌肉尤其是胸肌、腿肌和心肌有出血点或出血斑。各内脏器官上有灰白色或带白色的、针尖至粟粒大小的、与周围组织有明显界限的白色小结节。

[综合防治措施]

（1）预防措施 由于鸡住白细胞虫病的传播与库蠓和蚋的活动密切相关，因此消灭这些昆虫媒介是防治本病的重要环节。应防止媒介昆虫库蠓和蚋对鸡群的侵袭，清除鸡舍附近的杂草，搞好环境卫生。鸡舍门窗加装纱网，定期喷洒杀虫剂，驱杀蠓和蚋。另外，在疫区于每年本病流行季节前对鸡群进行预防性投药，亦可有效防止本病的发生。可利用成虫喜欢进入鸡舍内吸血的特点，在库蠓肆虐猖獗的季节，每隔6～7天在鸡舍场地可用0.1%除虫菊酯喷洒，杀灭成虫。在本地区发生此病流行期间，药物预防可用泰灭净粉，每吨饲料混入30克。

（2）病发处理 经初步诊断为本病时，应马上进行药物治疗。单一用药易产生抗药性，所以几种药物交替使用效果较好：强效氨丙啉（20%氨丙啉+1%乙氧酰胺苯甲酯+12%磺胺喹恶啉）混入饲料，每千克饲料使用浓度不要超过165毫克；每千克饲料混入125毫克氢羟吡啶+20毫克苯甲癸氧喹酯的联合用药比单用125毫克氢羟吡啶混料的防治效果好，能有效控制史氏住白细胞虫病。

218. 怎样防治鸡螨病?

鸡螨（图8–9）属节肢动物门、蜘蛛纲。体型微小，通常寄居在蛋鸡、种鸡羽毛上，吸血液，能传染疾病。对鸡（尤其商品蛋鸡和种鸡）危害较大的有2种，即鸡刺皮螨和突变膝螨。

[临床症状]

鸡刺皮螨（鸡红螨）是一种间隙性的外寄生虫，通常在夜间侵袭鸡体吸血，白天在窝内产蛋或孵蛋的母鸡亦可遭受侵袭。严重时，鸡体日渐消瘦、贫血、产蛋量下降，雏鸡严重失血时可造成死亡。人体被侵袭时，皮肤上会出现红疹。突变膝螨又称鳞足螨，其全部生活史都在鸡体上完成。成虫在鸡脚皮下穿行并产卵，幼虫蜕化发育为成虫，藏于皮肤鳞片下面，引起炎症。腿上先起鳞片，以后皮肤增生、粗糙，并发生裂缝，有渗出物流出，干燥后形成灰白色痂皮，如同涂上一层石灰，故又称为“石灰脚病”。若不及时治疗，可引起关节炎、趾骨坏死，影响生长发育和产蛋。

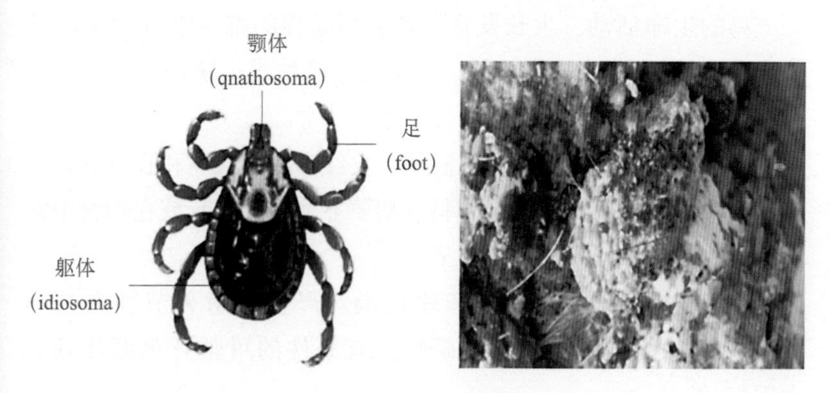

图8–9　鸡　螨

[综合防治措施]

（1）预防措施　预防是防治鸡螨最好的办法，首先要搞好鸡舍周围环境的清洁卫生，定期清理粪便、蜘蛛网。及时维修鸡舍，堵塞墙缝，进行粉刷，从而减少鸡舍内螨的数量。定期将杀虫剂喷洒于栖息处，可有效预防鸡只发病。用于喷洒的药物有2.5%苯硫磷酯以1:2 000倍稀释后的稀释液，或配成0.5%水溶液的马拉硫酸，用药7 ~ 10天后再进行一次处理。喷雾时应彻底，对鸡体、垫料、巢、墙壁、栖架等都要采用浓液喷雾。另外，要注意确保鸡体皮肤喷湿，这样效果会比较理想。

（2）病发处理 治疗可使用敌百虫配成1% ～ 2% 水溶液或15% 碘酊的敌百虫擦涂患处，每天2 ～ 4次，或伊维菌素、阿维菌素皮下注射，每千克体重0.02毫升，每天1次，间隔7天再次注射。

第四节 营养代谢疾病

219.怎样防治维生素缺乏症?

鸡的生命活动、生长发育和产蛋所必需的维生素有13种，某种维生素缺乏时则出现病症。现将鸡的13种维生素缺乏症及防治办法简介如下，供养鸡户（场）参考。

（1）维生素A缺乏症 眼流泪、发红，患干眼病和夜盲症，蛋鸡产蛋率下降。应加喂青绿饲料（胡萝卜、青菜叶）或在饲料中添加鱼肝油。

（2）维生素D缺乏症 产软壳蛋，严重时跗关节肿大站不稳。应及时按比例平衡补充磷钙，有条件的可敞开鸡棚让鸡晒太阳。

（3）维生素E缺乏症 公鸡睾丸变性不育，母鸡产蛋率下降，胚胎早死，成鸡歪脖子、佝偻爪。应加喂油饼类饲料和青饲料。

（4）维生素K缺乏症 皮下及肌肉内溢血，血凝时间较长。应添加苜蓿粉或鱼粉。

（5）维生素B_1缺乏症 发生痉挛或抽搐，表现典型的头向后仰，应在饲料中添加酵母或米糠及麸类饲料。

（6）维生素B_2缺乏症 曲趾性瘫痪，脚底皮肤出现隆起，不能站立、生长缓慢。应在饲料中添加酵母或饲喂发芽后的谷种、麦种等发芽后的种子。

（7）维生素PP缺乏症　舌和口腔发炎变黑，跗关节肿大，皮肤和脚呈鳞片状，肠炎，腹泻，粪中带血。应在饲料中添加麦麸、酵母或鱼粉。

（8）维生素B_5缺乏症　鸡的生长及羽毛发育受阻，发生皮炎，受精蛋孵化率降低。应在饲料中加喂麦麸或苜蓿粉。

（9）维生素B_6缺乏症　贫血、生长停滞、羽毛粗糙无光，出现神经系统受损害的症状，发生痉挛，或胸脯贴地两翼拍打，或背卧地两翼朝天，交替蹬踏。应在饲料中加米糠或酵母、麦芽，或稻谷粉、黄豆粉。

（10）胆碱缺乏症　发生皮炎，骨变短粗，生长停滞，脂肪肝，可在饲料中加适量鱼粉、豆饼或鲜鱼。

（11）维生素H缺乏症　发生皮肤病，出现丘疹，甚至皮肤腐烂，非换羽期换羽，脚软无力，骨骼变形。应常喂青绿饲料，以防止缺乏。

（12）维生素B_{12}缺乏症　易发生贫血和脂肪肝，雏鸡生长停滞，成活率低。应补充钴和多种维生素制剂。

（13）维生素C缺乏症　出现败血症，一旦出现败血症应在饲料中加喂适量维生素C。

220. 怎样防治微量元素缺乏症?

鸡需要的微量元素主要有铁、铜、钴、碘、锰、锌、镁、硒等。如果鸡饲料中某种微量元素缺乏，就会引起某种微量元素缺乏症，鸡的生理机能遭到破坏，新陈代谢紊乱，健康水平下降，产蛋量减少，甚至发生各种疾病，大量死亡。

（1）缺铁　雏鸡和产蛋母鸡的饲料中缺铁后，会患营养性贫血症。一般每千克饲料中需含铁 80毫克。铜虽不是血红蛋白的主要成分，但对血红蛋白的形成有催化作用，日粮中缺少铜也会导致贫血病的发生，一般每千克饲料需要含铜4毫克。钴是维生素的组成物，缺乏时可影响铁的代谢，通常是通过维生

素 B_{12} 来补给。

（2）缺锰 日粮中缺乏锰时，雏鸡则骨骼发育不正常，四肢变粗短、弯曲，行走困难，生长受阻和体重下降，成年鸡体重减轻、蛋壳变薄和孵化率降低等。每千克饲料中锰含量，以雏鸡55毫克，种鸡33毫克为宜，小麦麸、燕麦及青绿饲料含有丰富的锰，日粮中适当搭配，以补充锰的不足。

（3）缺锌 雏鸡体质衰弱，食欲消失，羽毛发育不良，受惊时呼吸困难，发育缓慢，骨粗短，飞节扁平、膨大。皮肤发生坏死性皮炎，皮肤过度角化，呈鳞片状。产蛋鸡缺锌蛋壳薄，孵化率低，孵出的雏鸡畸形多、弱雏多，生活力低，易死亡。每千克饲料中含量，以8周龄雏鸡为50毫克，种鸡为65毫克为宜。鸡日粮中如含有一定量的肉粉和谷实类饲料如麦类等，就不必补充锌。饲料中含锌过多会影响铜和铁的吸收，如含量超过0.08%，即超过需要量的12倍，则可引起中毒反应。雏鸡表现厌食、生长受阻等，产蛋鸡产蛋量急剧下降。

（4）缺碘 鸡饲料中缺乏碘时则引起缺碘症，表现甲状腺肿大，代谢机能降低，生长发育受阻，嗜眠，生殖力丧失，严重时会死亡。每千克饲料中含量，以雏鸡、青年鸡为0.35毫克，产蛋鸡、种鸡为0.3毫克为宜。

（5）缺硒 当鸡饲料中缺硒，维生素E又不足的时候，雏鸡往往发生皮下渗出性素质病、脑软化症和心包积水，严重时可导致死亡。发生此病后，应立即改善饲养管理条件，并配合使用亚硒酸钠制剂进行防治。雏鸡对硒的需要量为每千克饲料中含0.1毫克。

需要在鸡日粮中补给的微量元素用量应视地区而变化。通常鸡的日粮中添入的微量元素需要量，100千克饲料加入硫酸亚铁19.9克、硫酸锰8.5克、硫酸锌17.6克、硫酸铜1.6克、碘化钾46毫克、亚硒酸钠22毫克。使用时磨成细粉后配入饲料，切不可以粒状拌入，若配合不匀，可能使个别鸡进食过量而中毒。原料可向当地医药公司购买"饲用微量元素添加剂"，按说明比例加入日粮中，必须给量准确，搅拌均匀。

221. 怎样防治鸡痛风？

[临床症状]

鸡痛风是由于蛋白质代谢障碍和肾受损伤使其代谢产物——尿酸盐大量沉积于内脏器官或关节腔而形成的一种以患鸡消瘦、衰弱、排白色石灰样稀粪、四肢关节肿大及运动障碍等症状为特征的代谢病。该病分内脏型和关节型两种类型，一般内脏型痛风死亡率较高。

[综合防治措施]

（1）**预防措施**　该病目前尚无特效治疗药物，在生产中应以预防为主。合理搭配日粮，必须保证饲料的质量和营养全价，控制高蛋白质、高钙日粮的摄入；保证鸡适当运动，供给充足的饮水及维生素含量丰富的饲料；尽量不饲喂强碱性饲料，在改善蛋壳质量或必须使用碳酸氢钠时，只能使用推荐剂量，且使用时间不能太久。使用药物时，不要长期或过量使用对肾有损害的药物及消毒剂，如慎用头孢菌素类抗生素、磺胺类等药物。

（2）**病发处理**　一旦鸡群发生痛风，可用以下方法进行治疗：立即降低饲料中蛋白质的含量，增加维生素的含量，特别是维生素A和维生素D的含量；降低饲喂量，饲喂量比平时减少20%以上，可适当添加些青绿饲草，连续饲喂5天；在饲料中添加有利于尿酸盐排出的药物，在饮水中加入2%～3%葡萄糖或0.5%碳酸氢钠，促进尿液的生成与碱化，加速尿酸盐的排出，连用5～7天，同时加入内服补液盐，以促进尿酸盐的排泄。

222. 怎样防治肉鸡腹水综合征？

肉鸡腹水综合征又称雏鸡水肿病、肉鸡腹水症、心衰综合征和鸡高原海拔病，是以病鸡心、肝等实质器官发生病理变化、明显的腹腔积水、右心室肥大扩张、肺淤血水肿、心肺功能衰竭、肝显著肿大为特征的综合征，主要发生于幼龄肉仔鸡的一种常见病。

[临床症状]

病鸡精神沉郁，羽毛蓬乱，饮水和采食量减少，生长迟缓，冠和肉髯发绀。病情严重者可见皮肤发红，呼吸速度加快，运动耐受力下降。该病的特征性症状是病鸡腹围明显增大，腹部膨胀下垂，呈水袋状，触压有波动感，腹部皮肤发亮或发紫，行动迟缓，呈鸭步样，有的站立不稳以腹着地如企鹅状。该病发展往往很快，病程一般为7 ~ 14天，病鸡常在出现腹水后1 ~ 3天内死亡。死亡率10% ~ 30%，最高达50%。

[综合防治措施]

（1）预防措施 搞好鸡舍内外环境卫生，定期进行舍内带鸡消毒，加强舍内通风换气，清除舍内氨气、二氧化碳，增加氧气。百毒杀应作为首选消毒剂，既可杀灭病原微生物，又可清除舍内氨气。最好几种消毒剂交替使用。

①2周龄前，饲料中蛋白质和能量不宜过高。

②控制光照，有规律地采取23小时光照加1小时黑暗的饲养法。

③减少饲养密度，严禁饲喂霉败、变质饲料。

（2）病发处理

①保肝护肾，利尿解毒。

②防止继发感染。可用抗菌药物或中药制剂。可在饲料中同时拌入庆大霉素等抗菌药物。

③补充营养，增强体质。可在饮水中加入电解多维，或在料中拌入维生素复合制剂。全群饮水中加入0.05%维生素C，或在饲料中添加氯化钙、利尿剂、健脾利水的中草药等。

④对有呼吸道症状的病鸡，可应用化痰止咳、扩张气管的药物。

⑤对病例不多的重症鸡，无菌操作用针管抽取腹腔积液，然后

注入0.05%的青霉素普鲁卡因0.2 ~ 0.3毫升，1%呋塞米0.3毫升，严重病例同时肌内注射10%安钠咖0.1毫升。

223.怎样防治肉鸡低血糖－尖峰死亡综合征?

肉鸡低血糖全名肉鸡低血糖－尖峰死亡综合征，是一种原因不明的传染病，一般在6 ~ 8日龄开始发病，7 ~ 14日龄出现死亡高峰，此病导致肉鸡公雏死亡明显高于母雏，死亡多数发生在夜间。肉鸡低血糖病具有发病率低、死亡率高、突发性、无明显季节性、分布广等特点。

[临床症状]

患鸡食欲减退。一般发病后3 ~ 5小时死亡，病程长的约在26小时内死亡。

①神经症状：发育良好的鸡突然发病，病鸡瘫软无力，伏地不起，表现为严重的神经症状，出现共济失调（站立不稳、侧卧、走路姿势异常），死亡前发出尖叫声、头部震颤、瘫痪、昏迷。

②白色稀粪：早期腹泻明显，晚期常因排粪不畅使米汤样粪便滞留于泄殖腔。部分病鸡未出现明显的苍白色稀粪，但解剖时可见泄殖腔内滞留大量米汤样粪便。

[综合防治措施]

加强饲养管理，改善饲养环境，控制饲养密度，尤其加强环境消毒。限制光照，降低死亡数量。发病鸡每日给光16小时，夜间间断给光并采食饮水，饮水中添加1% ~ 2%葡萄糖及多种维生素。

治疗采用内服葡萄糖可以很快控制病情，辅以电解多维饮水、抗生素可以预防继发感染和虚脱，尽快恢复鸡群免疫力和体质。具体可采用二甲氧苄啶（75克）加乳糖加双黄连（250毫升），配水200升，每天2次，饮水3 ~ 5天；或黄芪多糖饮水，每天2次，连用3 ~ 5天。

第五节 中毒病

224.怎样防治磺胺类药物中毒?

磺胺类药物用量过大或长期服用治疗量磺胺类药物是导致本病的主要原因。

[临床症状]

急性中毒者，精神亢奋、食欲废绝、腹泻，出现痉挛和麻痹等神经症状。慢性中毒则表现精神沉郁，食欲减退或废绝，呼吸急促，头部肿大呈蓝色，可视黏膜黄疸，冠、肉髯发绀或苍白，翅膀下出现皮疹；腹泻，间有便秘，排出酱油色或黄色、灰白色粪便；产蛋鸡产蛋量下降，软壳蛋、薄壳蛋等异常蛋增多。特征性病变是全身广泛性出血。

[综合防治措施]

规范和正确地使用此类药物是预防本病发生的关键；计算、称量要准确，搅拌要均匀，疗程不要过长，一般不要超过5天；科学地使用磺胺类药物增效剂，以减少磺胺类药物的用量；适当使用小苏打，并增加日粮中维生素K和B族维生素的添加量；1月龄内雏鸡和产蛋鸡尽可能避免使用此类药物，必须使用时，注意在药物的选择、剂量及疗程等方面慎重处理。

一旦发生中毒，应立即停喂含有磺胺类药物日粮或饮水，多饮清洁无药的新鲜饮水。目前尚无特效药物可救治。轻度中毒的病鸡，可在饮水中添加1%小苏打和5%葡萄糖代替饮水1～2天，同时在饲料中增加维生素K和B族维生素的含量，以帮助鸡体解毒。病情严重者，除供以1%～3%的小苏打水溶液外，可肌内注射维生素C 50毫克/只，或25～50毫克/只混饲。此外，早期混饮甘草糖水或绿豆糖水，也有一定的解毒效果。

225. 怎样防治黄曲霉毒素中毒？

本病是由黄曲霉菌的有毒产物黄曲霉毒素引起的鸡只中毒，主要侵害肝，引起急性死亡。转为慢性时，可引起癌变。黄曲霉毒素以2 ～ 6周龄的雏鸡最敏感，中毒后可发生大批死亡。

[临床症状]

雏鸡表现为食欲不振，生长不良，衰弱，贫血，鸡冠苍白，排绿色或带血色稀粪，死前可出现惊厥和角弓反张等症状。成年鸡的症状不明显，多呈慢性经过，主要表现为食欲减少，消瘦。产蛋鸡开产期推迟或产蛋量下降，蛋变小。有时颈部肌肉痉挛，头向后背。若不及时更换饲料，持续时间过长，可陆续发生死亡。

[综合防治措施]

根本措施是不喂霉变的饲料。黄曲霉毒素耐受性很强，280℃仍不会被破坏，又不溶于水，所以加热、日晒、水洗都不能除去饲料中的黄曲霉毒素。因此要加强饲料保管，防止霉变。在饲养过程中，要坚持不喂发霉饲料。料槽及饮水器要经常擦洗、消毒，做到少给勤添，防止料槽中饲料堆积过多、受潮、结块。要做到料槽、水槽每天清理，不留剩料及剩水。病鸡舍及存放霉变饲料的库房，要及时消毒，可用甲醛熏蒸或用过氧乙酸喷雾消毒以杀灭霉菌及其孢子，控制污染。中毒鸡的粪便中含有多量黄曲霉毒素，因此应该及时清除，集中深埋。更换鸡舍内垫料，用具用0.2%次氯酸钠溶液消毒。

目前尚无有效的解毒药物进行治疗，只能采取综合防治措施，缓解中毒症状。发现黄曲霉毒素中毒后，应该立即更换饲料。尽早服用轻泻药物，促进肠道内毒素排出。可选用以下药物：硫酸镁，按每只鸡每天1 ～ 5克剂量溶于水中，让鸡自由饮用，连饮2 ～ 3天；硫酸钠（芒硝），按每只鸡每天1 ～ 5克剂量溶于水中，让鸡自由饮用，连饮2 ～ 3天。饲料中增加复合维生素。对急性中毒的，可喂给5%的葡萄糖水，内服维生素C 100毫克和维生素K 34毫克，每天1次，饲料中增加复合维生素B类。

226.怎样防治食盐中毒?

食盐中毒是指鸡摄取食盐过多或连续摄取食盐而饮水不足，导致中枢神经障碍的疾病，其实质是钠中毒。有急性中毒与慢性中毒之分。正常情况下，饲料中食盐添加量为0.25%～0.5%。当雏鸡饮服0.54%的食盐水时，即可造成死亡，饮水中食盐浓度达0.9%时，5天内死亡可达100%。如果饲料中添加5%～10%食盐，即可引起中毒。

[临床症状]

鸡发生食盐中毒一般呈急性经过。因鸡只摄取食盐量的多少和中毒持续时间的长短不同，症状有所不同。病鸡精神委顿，不爱活动，羽毛蓬乱，两翅下垂，怕冷聚堆；食欲减退乃至废绝，但饮欲异常增强，饮水量剧增；嗉囊胀大发软，将鸡倒提时有黏液从口流出，排水样稀便；肌肉震颤，两腿无力，运动失调，行走困难或瘫痪；后期可见关节、皮下水肿，头颈歪斜、角弓反张。病鸡呼吸困难，最后衰竭死亡。少数慢性病死鸡可见皮肤干燥、发亮，呈蜡黄色，羽毛较易脱落等症状。

[综合防治措施]

严格控制饲料中食盐添加量，添加盐粒要细，并且在饲料中搅拌要均匀，平时饲喂干鱼和鱼粉要测定其含盐量，保证给予充足饮水。若发现可疑食盐中毒时，应立即停止饲喂含盐量多的饲料，改换其他饲料，供给充足新鲜饮水或5%葡萄糖溶液，也可在饮水中适当添加维生素C。

第六节　其他疾病

227.怎样防治肉鸡猝死综合征?

肉鸡猝死综合征又称肉鸡急性死亡综合征，也称翻跳病、急性心脏病，是肉鸡的一种常见病，常发生于生长特快、体况良好的2周龄至出栏时的青年肉鸡，特点是发病急、死亡快，死亡率1% ~ 5%。多发于生长快、体型大、肌肉丰满的鸡只。本病的发病原因目前不是十分清楚，由于主要发生于饲养管理好、生长速度快、饲料报酬高的鸡群，一般认为肉鸡猝死综合征是一种代谢病，因此营养、环境成为本病发展的决定性因素，此病近几年来对肉鸡业的危害日益严重。

[临床表现]

肉鸡猝死综合征病程短，发病前无任何异状；多以生长快、发育良好、肌肉丰满的青年鸡突然死亡为特征；部分猝死鸡只发病前比正常鸡只表现安静；饲料采食量减少，个别鸡只常常在饲养员进舍喂料时，突然失控，翅膀急剧扇动或离地跳起15 ~ 20厘米，从发病至死亡时间约1分钟；死鸡一般为两脚朝天呈仰卧或腹卧姿势，颈部扭曲，肌肉痉挛，个别鸡只发病时发现有突然尖叫声。

[综合防治措施]

限料饲喂，一般从第2周龄开始，适当降低饲料中蛋白质含量(一般以19% ~ 20%为宜)，脂肪含量不宜过高。据报道，用植物油代替动物性脂肪可明显降低猝死综合征的发生。控制光照，0 ~ 3周为12 ~ 16小时，22 ~ 42日龄为18小时，42日龄后每天光照20小时，光照度控制在0.5 ~ 21勒克斯，以免应激引起猝死。碳酸氢钾拌料，每吨饲料添加3.6千克。复合维生素添加量提高到常量的1 ~ 2倍，可明显减少死亡率。

228. 怎样防治鸡啄癖？

鸡啄癖也称异食癖、异嗜癖或恶食癖。不同品种、不同日龄的鸡群均可发生，尤其是雏鸡。啄癖是集约化养鸡生产中常见的症状，给广大养殖户造成很大的经济损失。

[临床症状]

(1)啄肛癖　常见于高产笼养鸡群或开产鸡群，是啄食肛门及其下腹部的一类最严重的啄癖。蛋鸡发生输卵管脱出、脱肛，其他鸡好奇争相啄食，被啄鸡疼痛惊恐逃脱，而啄食鸡紧追不放，导致鸡群骚动，相互争啄肛门伤口，严重的将直肠拖出，造成全群暴发啄肛现象。产蛋时鸡舍光线较强，反射肛门肌肉的亮光，吸引别的鸡去啄食造成啄肛。也常见于雏鸡，诱因是雏鸡腹泻，肛门周围粘满带有腥臭的粪便。

（2）**啄羽癖** 个别鸡自食或相互啄食羽毛，甚至啄得皮肉暴露出血，发展为啄羽癖（图8-10）。常见于幼鸡的换羽期、产蛋母鸡的盛产期与当年高产的新母鸡。一般是由于营养缺乏，特别是含硫氨基酸、硫和B族维生素缺乏，或患螨病、鸡虱。日粮供应不足或喂料间隔时间太长，鸡感到饥饿，易发生啄羽。此外患螨病、鸡虱也可导致啄羽癖。

图8-10 鸡啄癖致使形成的外伤

（3）**啄蛋癖** 母鸡刚产下蛋，鸡群就去啄食，有时产蛋鸡也啄食自己产的蛋，主要发生在产蛋盛期。多由于日粮中蛋白质、钙、食盐不足，或开始啄破损蛋直至发展到啄完好的蛋。

（4）**啄趾癖** 主要发生在雏鸡，多见于脚部被外寄生虫，尤其是螨虫侵袭，导致鸡体自身啄食脚上皮肤鳞片和痂皮，发生自啄出血而引起互啄；或断趾时消毒不严而感染，造成断端肿胀，抬腿行走，一只鸡啄趾，其他鸡蜂拥而上，被啄鸡趾部出血或跛行，严重的被啄断趾。

（5）**啄头癖** 鸡只相互啄冠、肉髯、耳叶、眼等，多见于公鸡的争斗，导致被啄部位出血、发紫变黑。主要与鸡群的密度，鸡舍的温度、湿度和鸡体的生理、心理因素等有关。

[综合防治措施]

及时移走啄癖鸡，单独饲养；隔离被啄鸡或在被啄的部位涂擦龙胆紫、黄连素等苦味浓的消炎药物，一方面消炎，另一方面使爱啄鸡知苦而退。断喙，首次断喙在7～10日龄，二次断喙在12～14周龄进行。尽量把喙修成斜面，既防止啄癖，又可以节省饲料，同时在饲料中添加维生素C和维生素K防止应激。日粮除要满足蛋白质、矿物质、维生素需要外，可适当降低能量饲料（玉米不要超过65%）含量，提高蛋白质含量，增加粗纤维，同时在饲粮中添加0.2%的蛋氨酸或1%～2%的羽毛粉，能有效预防啄癖的发生。营养缺乏引起的啄癖，应分析具体原因，如缺盐时，可在日粮中添加1.5%～2%食盐，连续3～4天，但不能长，以防中毒；缺硫时，可在饲料中加入0.8%～1%的硫酸钠或天然石膏粉，每只鸡1～3克。

229. 怎样防治鸡群中暑?

中暑又称为热衰竭，是日射病和热射病的统称，是由于烈日暴晒，环境气温过高导致家禽中枢神经紊乱，心衰猝死的一种急性病。鸡的皮肤缺乏汗腺，散热主要依靠张口呼气和张翅下垂，因此，散热量很有限。当处于气温高、湿度大的环境中，鸡舍狭小、鸡群拥挤、通风不良、饮水不足、密闭车船运输以及暴露在烈日下等都可引起中暑。

[临床症状]

本病的特征性症状是鸡群突然发病，病鸡精神高度沉郁，活动减少，饮水量大幅度增加，采食量明显下降，张口喘气，翅膀张开，呼吸急促，步态不稳，鸡冠发绀；体温高达45℃以上，软脚，瘫痪，猝死，死前会发生抽搐和痉挛等症状。

[综合防治措施]

预防本病的基本措施是保证鸡舍的通风，供给充足的饮水，控制饲养密度，加强饲养管理。

治疗时将病鸡尽快移至阴凉通风处，当鸡群较大，转移困难时，应加强通风，有条件的可在鸡舍安装电扇，运动场地如无树木遮阳，要搭盖凉棚。把鸡腿置于凉水盆内，用针刺破冠顶或腿内侧血管放血，并灌服十滴水或风油精1 ~ 2滴。可在鸡舍放置冰砖，降低舍内温度。给鸡饲喂切碎的西瓜皮，以尽快降低体温，促进病鸡康复。使用清凉解暑的药物，在饮水中加入碳酸氢钠（0.5%）、氯化钾（0.16%）、氯化铵（0.2%），有助于缓解热应激，降低死亡率。

第九章　鸡场废弃物的处理与资源化利用

第一节　废弃物及其处理原则

230.鸡场主要废弃物及其危害是什么?

造成鸡场的污染和危害主要来源于四种废弃物：

（1）鸡粪　鸡场废弃物中排放量最大的是鸡粪，有统计数据显示1万只肉鸡（白羽）养殖45天的排便量是40～50吨。鸡粪主要产生的恶臭是因在高温下发酵和含硫蛋白质分解产生大量的氨、硫化氢、吲哚、硫醇等恶臭物质。对人畜健康影响最大的主要有氨气和硫化氢，这些恶臭物质不仅刺激人的嗅神经、三叉神经，进而毒害到呼吸中枢，同时也会引起肉鸡呼吸道疾病和其他疾病，最终导致生产性能下降。

（2）死鸡　规模化养鸡场时有死鸡发生，死鸡本身携带大量的病菌、病毒、寄生虫虫卵等，若随意丢弃，不及时处理或处理不当，尸体分解腐败后会发出恶臭的气体，不仅会造成环境、土壤及水体的污染，而且会成为疫病的传染源，威胁规模化养鸡场的防疫安全。

（3）孵化场的废弃物　规模化养鸡场都会有一定规模的孵化场，其废弃物主要有蛋壳、死胚、死雏和污水，而此类废弃物富含氮元素，极易腐败，若处理不当或不及时处理会严重污染环境。

（4）污水　规模化养鸡场每天会排放大量的污水，其中包括生活污水、鸡生产环节中产生的污水，这些污水含有的大量高浓度的有机物与病原微生物都会对水体造成污染，这种污染不仅使地表水污染，而且这些有毒有害成分还易渗透到地下水中，严重污染地下水，使地下水溶氧量减少，水质中的有害成分增多，使其失去原有价值，如一旦污染将无法治理和恢复，从而导致持久性污染，这将会对环境和人畜造成巨大危害。

231. 鸡场废弃物处理应遵循的基本原则是什么？

鸡场污染物处理应遵循的基本原则是减量化、无害化和资源化利用。养鸡场污染物处理是一项系统工程，它不仅仅是对鸡粪如何处理的问题，而是涉及从根源上解决废弃物带来的环境污染问题，必须综合考虑、系统治理，做到产前防控、产中调控、产后利用。

2017年6月12日，国务院办公厅正式印发了《关于加快推进畜禽养殖废弃物资源化利用的意见》（国办发〔2017〕48号），明确指出，要坚持源头减量、过程控制、末端利用的治理路径，以畜牧大县和规模养殖场为重点，以沼气和生物天然气为主要处理方向，以农用有机肥和农村能源为主要利用方向，健全制度体系，强化责任落实，完善扶持政策，严格执法监管，加强科技支撑，强化装备保障，全面推进畜禽养殖废弃物资源化利用，加快构建种养结合、农牧循环的可持续发展新格局，为全面建成小康社会提供有力支撑。

232. 降低鸡场污染的措施主要有哪些？

降低肉鸡养殖场污染的主要措施有：

（1）强化营养调控 通过营养调控减少营养物质的排泄。通过营养学技术，提高肉鸡的饲料转化效率，减少鸡只氮、磷、铜、锌、砷的排泄。

（2）合理加工日粮 粒径大小合适的颗粒料，增加了单位体积养分的含量和适口性，提高了家畜的进食量和饲料的转化率，同时饲料的膨化处理和颗粒化处理可使随粪便排出的干物质减少1/3。

（3）合理使用药物　为降低养殖污染中的抗生素残留及重金属的污染，利用中草药添加剂取代抗生素的研究日渐深入，另外一些添加剂如寡聚糖、益生素、糖萜素等都日趋受到重视。

（4）加强排泄物处理　可在肉鸡饲料中添加活菌制剂、微生态制剂、益生菌、生物制剂等各类除臭剂；通过生物手段净化鸡粪及其污水，将污物处理为沼气和有机肥。

（5）最大限度地回收利用　大幅度提高畜禽养殖业废弃物（沼渣和沼液的还田利用）的综合利用效益，通过资源化处理鸡粪和污水，实现肉鸡养殖业环境效益和经济效益的双赢。

（6）加强畜禽养殖小环境建设　建立养殖小区，发展规模养殖小区，可以减少肉鸡养殖污染，节约养殖用地。充分利用远离居民区的荒山、荒坡、荒地以及荒滩开发养殖小区。

（7）绿化养殖场　在养殖场周边设置隔离林带，场内种植花草，既可改善场区气候，净化空气，又可起到防疫的良好作用。

（8）加强法律法规的宣传和贯彻力度　对我国已颁布《畜禽养殖污染防治管理办法》和《畜禽养殖污染排放标准》等法律法规，采取各种形式进行宣传，提高养殖户的环保认识，避免违规受到处罚。

233. 环保部门对养殖场造成污染的处罚有哪些？

如果鸡场乱排乱放废弃物，造成环境污染，按照《畜禽规模养殖污染防治条例》规定将做如下处罚：

第三十九条　违反本条例规定，未建设污染防治配套设施或者自行建设的配套设施不合格，也未委托他人对畜禽养殖废弃物进行综合利用和无害化处理，畜禽养殖场、养殖小区即投入生产、使用，或者建设的污染防治配套设施未正常运行的，由县级以上人民政府环境保护主管部门责令停止生产或者使用，可以处10万元以下的罚款。

第四十条　违反本条例规定，有下列行为之一的，由县级以上地方人民政府环境保护主管部门责令停止违法行为，限期采取治理措施消除污染，依照《中华人民共和国水污染防治法》《中华人民共和国固体废物污染环境防治法》的有关规定予以处罚：①将畜禽养殖废弃物用作肥料，超出土地消纳能力，造成环境污染的；②从事畜禽养殖活动或者畜禽养殖废弃物处理活动，未采取有效措施，导致畜禽养殖废弃物渗出、泄漏的。

第四十一条　排放畜禽养殖废弃物不符合国家或者地方规定的污染物排放标准或者总量控制指标，或者未经无害化处理直接向环境排放畜禽养殖废弃物的，由县级以上地方人民政府环境保护主管部门责令限期治理，可以处5万元以下的罚款。县级以上地方人民政府环境保护主管部门作出限期治理决定后，应当会同同级人民政府农牧等有关部门对整改措施的落实情况及时进行核查，并向社会公布核查结果。

第二节　粪污的处理和资源化利用

234. 目前鸡场粪污有哪些收集处理和资源化利用模式？

鸡场粪污处理及资源化利用模式主要采取种养结合、循环利用、达标排放、集中处理和多种模式并举。

（1）种养结合模式　采用干清粪或水泡粪方式收集粪污。干清粪时，固体粪便经堆肥或其他无害化方式处理，废水与部分固体粪便混合时可进行厌氧发酵、氧化塘等处理。在厌氧发酵的基础上，将有机肥、沼渣沼液或肥水应用于大田作物、蔬菜、果树、茶园、林木等；采用水泡粪方式，粪污进行厌氧发酵、氧化塘处理，还田应用于农业。

（2）循环利用模式　采用干清粪、控制生产用水、减少养殖过程用水量；场内实施污水暗道输送、雨污分流和固液分离，减少污水处理压力；处理后的污水主要用于场内冲洗粪沟或圈栏等，固体粪便通过堆肥、基质生产、网床垫料、燃料等方式处理利用。

（3）达标排放模式　采用干清粪方式，养殖场污水通过厌氧、好氧等工艺处理后，出水水质达到国家排放标准要求，固体粪便通过堆肥等处理利用。成本较高。

（4）集中处理模式　在养殖密集区，依托一个规模养殖场或独立的粪污处理企业，对周边养殖场、养殖小区、养殖户的粪便或污水进行收集，并集中处理。可以是固体粪便处理、养殖污水集中处理或粪便和污水集中处理。

（5）多种模式并举（多元化）治理　多种模式相结合利用也能收到很好的效果。

235.种养结合模式存在的主要问题有哪些？

种养结合模式的推广与应用，真正意义上实现了畜禽养殖、沼气能源和农业种植的合理配置，达到了生物安全的目的，解决了环境污染问题，保护了森林资源，增加了农民收入，促成了生态的良性循环，是现代农业发展的又一新高，具有很好的发展前景。全社会应当高度重视，加大扶持力度，积极引导与实践，克服困难，解决难题，推动该模式更好更快地发展，为社会创造更大的价值。

在现在养殖业中，“种养结合、以养促种”生态循环模式已经进行了大量的探索与实践，得到了一定推广，也取得了很多显著的成效，但也存在着一些需要全社会共同关注和解决的问题。

（1）资金短缺，模式发展难度加大　发展种养结合，要同时建设标准化规模养殖场和标准化规模种植基地，需要投入大量的资金。而规模较大、效益较好的现代种养殖模式应用范围偏小，也使高效种养结合模式发展难度大大增加。

（2）组织管理复杂　养殖业和种植业，虽然同属于农业，但两者有许多不同的地方。推行种养结合，同时组织好畜牧业生产和种植业生产，使两者达到有机的结合是相当有难度的。

（3）综合集成配套技术应用程度偏低　“种养结合”工程体系

需要先进的农业综合配套技术支撑，包括工程规划与设计技术、沼气技术、畜舍及菜果林园建设和种养技术、沼肥沼渣科学使用技术等。然而目前，传统种养方式依然盛行，许多方法已经脱离社会发展轨道，农民的文化素质较低，各种技术知识匮乏，大多数种养模式技术配套集成率不高、应用面不广，在很大程度上影响了模式的推广应用及农业效益。

（4）产业化程度不高 有些模式虽然效益好，但大多以自产自销为主，规模较小，而一旦加大规模，因缺乏行业组织协会，没有形成订单农业，其销路和效益就会出现问题。虽有龙头企业联合，但农户与企业之间基本上都是松散型的合作形式，无法做到风险共担、利益共享。部分龙头企业习惯于依赖政府和管理部门，基地建设的热情不高，信心不足，主动性不强，措施办法不得力，存在“政府、农户两头热，龙头企业中间冷”的现象，极大地制约了模式的产业化发展。

（5）思想观念不新 少数干部的思想认识和工作摆位还存在着领导重视程度不够、工作投放精力不够、深入调研解决问题不够、已经制定和出台的政策措施落实不够等问题。部分农业企业负责人思想观念比较保守，“小富即安”思想和“小农意识”比较严重，企业不能做大做强。

236. 鸡场干粪的处置方法有哪些？

目前鸡场的干粪处置方法和去向主要有以下四种：

（1）干燥法 又分为高温快速干燥、机械干燥和自然干燥法三种。高温干燥要在不停运转的脱水干燥机中加热，在500℃的高温下，短期使水分降到13%以下，既可以做饲料，又可以做肥料。自然干燥多用于广大农户，在鸡粪中掺入米糠，在阳光下曝晒，干燥后筛去杂质，装入袋内或置于干燥处备用。

（2）发酵法 又分为拌料发酵、酒糟发酵和机械发酵。拌料发酵就是将鸡粪和其他饲料按一定比例混合后发酵，鲜鸡粪、米糠、碎青饲各占1/3混匀，喷洒清水直至含水量达到60%左右，装入缸内或是砖砌的池内，压实后用塑料布封闭。机械发酵就是用鸡粪再生饲料发酵机，半天即可达到发酵目的。经过发酵的鸡粪呈黄褐色、松散、有微酸香甜味道，适用于中小型鸡场。

（3）**青贮法** 采用新鲜鸡粪50%～65%，切碎的青饲料、禾本牧草类饲料25%，米糠10%混合，含水量控制在60%左右，压实封严后，在30～45天即可利用，用于牛、羊和猪的喂养。

（4）**膨化法** 又称热喷法，即将鲜鸡粪先晾到含水量30%以下，再装入密封的膨化设备中，热至200℃左右，压强70～140帕，经过3～4分钟处理，迅速将鸡粪喷出，体积可比原来增加30%左右。本方法处理效果甚佳，鸡粪蓬松适口、富含香味，有机质消化率提高10%左右。

第三节 废水处理和资源化利用

237.初步处理肉鸡场废水的技术方法有哪些？

鸡场废水的主要来源是家禽排泄物及冲洗粪便的污水，具有有机物浓度高、微生物浓度高、污染物种类多、色度深、氨氮和有机磷含量高的特点，如不经过处理排放于江河，会造成严重的富营养化等的水体污染。目前鸡场废水处理主要采取物理处理法、化学处理法、氧化沟及生物处理法。

（1）**物理处理法** 利用格栅、化粪池或滤网等设施进行简单的物理处理方法。经物理处理的废水，可除去40%～65%的悬浮物。废水流入化粪池，经12～24小时后，其中的杂质下沉为污泥，流出的废水则排入下水道。污泥在化粪池内应存放3～6个月进行厌氧发酵。如果没有进一步的处理设施，还需进行药物消毒。

（2）**化学处理法** 是根据废水中所含主要污染物的化学性质，

用化学药品除去废水中的溶解物质或胶体物质的方法。混凝沉淀：用三氯化铁、硫酸铝、硫酸亚铁等混凝剂，使废水中的悬浮物和胶体物质沉淀而达到净化目的。化学消毒：消毒的方法很多，以用氯化物消毒法最为方便有效、经济实用。

（3）氧化沟 一种简易废水处理设施。在狭长的沟中设置一个曝气转筒。曝气转筒两端固定，顺水流方向转动，渠中曝气作用在转筒附近发生，转筒旋转使废水和渠内活性污泥混合，从而使废水净化。

（4）生物处理法 利用废水中微生物的代谢作用分解其中的有机物，对废水进一步处理的方法。可分为好氧处理与厌氧处理。好氧处理又有活性污泥法和生物过滤法两种，厌氧处理需要时间长，一般只用于经初步处理后沉淀下来的污泥。

238. 深度处理肉鸡场废水的关键技术有哪些？

深度处理技术是为进一步处理废水经生化处理未能去除的污染物的净化过程。深度处理技术通常由混凝沉淀、膜技术等处理单元优化组合而成。

（1）混凝沉淀技术 向废水中投加混凝药剂，使其中的胶体和细微悬浮物脱稳（胶体因电位降低或消除，从而失去稳定性的过程称为脱稳），并聚集为数百微米以至数毫米的矾花，进而可以通过重力沉降或其他固液分离手段予以去除的废水处理技术。

（2）膜分离技术 是利用特殊的薄膜对液体中的成分进行选择性分离的技术。用于废水处理的膜分离技术包括扩散渗析、电渗析、反渗透、超滤、微滤等几种。

（3）膜生物反应器（MBR） 膜分离技术与生物技术有机结合的新型废水处理技术，也称膜分离活性污泥法。其通过膜分离技术大大强化了生物反应器的功能。与传统的生物处理方法相比，具有生化效率高、抗负荷冲击能力强、出水水质稳定、占地面积小、排泥周期长、易实现自动控制等优点，是目前最有前途的废水处理新技术之一。

239. 肉鸡场废水资源化利用的方法有哪些?

在大力发展养殖业的同时，废水资源化利用既能保证良好的生态环境，又能改变传统的养殖废水只有进行污染治理才能达到效果的思维观念。所以，废水资源化利用是一种有效和环保的全新模式，不仅提高了资源利用率，维持生态平衡和生态系统的良性循环，又获得较大的经济效益和良好的生态效益。废水资源化利用目前在以下几个方面得以循环和综合利用：

（1）沼气、沼液、沼渣的综合利用　沼气综合利用是指将有机废弃物（人畜粪便、作物秸秆、树叶杂草等）经沼气池厌氧发酵后，所产生的沼气、沼渣、沼液作为下一级生产活动的原料、肥料、饲料、添加剂和能源。

（2）处理水的农田回用　养殖废水经适当的处理后回用于农田，是普遍的做法。由于农业耕作需用氮、磷、钾等营养物质，废水经过一定处理后用于灌溉，既促进了作物生长，提高土壤肥力和农作物产量，又缓解了农业用水紧缺，提高了水资源利用率。

（3）生物协同方式的资源化利用　现在所述的资源化综合利用，一般是指在水生植物、水生动物、微生物以及环境因子的共同作用下，其利用植物的分解、吸收，及根部吸附的浮游动植物以及微生物群落的协同作用，达到养殖污水的分解处理目的。同时，利用富营养化污染物作为资源进行综合利用，所生产的物质具有进一步的经济利用价值。

第四节　其他废弃物的处理和资源化利用

240. 死鸡的处理和资源化利用方法有哪些?

在鸡的饲养过程中不可避免的会出现死鸡现象，对死鸡尸体处理的一般原则是要符合《畜禽病害肉尸及其产品无害化处理规程》（GB 16548—1996），处理过程要符合环境卫生的要求，防止污染环境。目前比较常用的死鸡尸体处理方法大致有以下几种。

（1）焚烧法 是将死鸡通过焚烧炉进行焚烧处理，适合因传染性疾病而死亡的鸡体处理。这种方法的优点是处理彻底，但设备和运行成本较高，一般定期使用。

（2）深埋法 是在野外挖一个深土坑（大小视死鸡的多少而定），再将死鸡埋入的方法。此法简单易行，成本低廉，适合一般小型鸡场和非烈性传染性疾病死鸡的处理。要求土坑远离生活区和鸡场，深度不少于2米，死鸡尸体上面喷洒消毒药后覆盖不少于30厘米的泥土，最后在土坑上面及周围喷洒消毒药。

（3）喂养肉食动物 对非传染性疾病的死鸡，可以用来喂养犬等肉食动物。但死鸡不能腐败变质，被喂养的肉食动物是笼养或圈养，最好是熟喂。

（4）加工成高蛋白质饲料 就是通过高温、高压等方法，将死鸡的肉、骨、羽毛等进行加工，制成高蛋白质饲料。优点是在加工过程中，既彻底消灭了死鸡尸体上的病原体，又使死鸡尸体得到了科学的综合利用，但由于设备投资较大，一般鸡场难以进行。

241. 孵化废弃物的处理及利用方法有哪些？

孵化废弃物包括无精蛋、死胚、空壳、残次鸡和异性个体等。这些孵化废弃物湿度高容易腐败，应该及时处理。不同废弃物的处理方法不同，具体如下：

（1）无精蛋 主要用于食用，毛蛋也可食用，但应注意卫生，避免腐败物质及细菌造成的中毒。

（2）蛋壳 可以使用磷酸进行处理，获得磷酸钙用作饲料中的钙源。

（3）毛蛋 一般是经高温消毒、干燥处理后，制成粉状饲料利用。由于孵化废弃物中含有大量蛋壳，故其钙含量非常高，因而在利用孵化废弃物时应注意。一般孵化废弃物加工料在生长鸡日粮中可占到6%。

242. 废弃垫料的处理和利用方法有哪些?

肉鸡场常常使用粉碎的农作物秸秆、锯木屑等作为垫料，育雏时也有使用稻壳、麸皮作为垫料的，这些垫料在使用后，其中含有大量的鸡粪、少量的羽毛和遗漏的饲料。废弃的一般干燥垫料可以用作燃料；以稻壳、麸皮作为垫料的，废弃后可以按照纯鸡粪一样用作饲料或肥料；而以粉碎的农作物秸秆、锯木屑等作为垫料的则一般多用作肥料。垫料用作肥料时，除可直接下田外，通常采取堆肥化处理后再使用。堆肥化处理主要有静态好氧堆积发酵和堆肥封闭发酵两种方式。

(1) 静态好氧堆积发酵　是指废弃垫料在静态下，借助通风促进熟化、依靠定期翻动使产物均质化的过程。这种堆肥方式可使垫料发酵温度达70℃以上，并维持数天，能如同巴斯德消毒法那样可以杀灭其中的各种病原菌、寄生虫卵和蝇蛆等。由于是好氧发酵而且翻动次数减少，所以减少了恶臭气体的产生，同时处理量大、适用性强，基本无须设备投资，成本低廉。

(2) 堆肥封闭发酵　是指将废弃垫料收集后，在通风好、地势高的地方（要求在远离生活区及鸡舍500米以上的下风处）堆积成堆，外面用泥浆封闭，使之厌氧发酵的过程。整个发酵过程一般夏季10 天左右、冬季2个月左右垫料即可熟化，是农田的优质有机肥料。

243. 怎样处置兽医诊疗废弃物?

鸡场兽医诊疗活动中产生的失效疫苗和医疗废弃物均须分类归集，不能混合收集：损伤性医疗废弃物放入利器盒（箱）；其他类别医疗废弃物放入包装袋（箱）；解剖病料消毒后投入化尸池。

(1) 失效疫苗　鸡场用过的疫苗、使用时余下的疫苗和废弃疫苗要及时深埋或煮沸处理。因为这些疫苗内仍残留有制苗细菌或病毒，如散落在养殖场内，会干扰畜禽的正常免疫，引起免疫失败，也存在着制菌菌（苗）株返祖*的危险。

（2）医疗废弃物 医疗废弃物在管理和运送过程中，所有人员首先必须做好个人防护，在数量不大时，交由就近的医院，委托其代为协助，交给有资质的处理机构代为处理；在数量较大时，直接和相关有资质的医疗垃圾废弃物处理机构联系按规定处理。期间，禁止任何人员买卖、私下处理医疗废弃物，防止医疗废弃物流失、扩散。防止医疗废弃物交由未取得经营许可证的单位或者个人收集、运送、储存、处置；禁止在非收集、非暂时储存地点倾倒、堆放医疗废弃物，禁止将医疗废弃物混入其他废物和生活垃圾中。

---

* 返祖现象是指有的生物体偶然出现了祖先的某些性状的遗传现象。返祖现象是一种不太常见的生物“退化”现象。众所周知，家养的鸡、鸭、鹅经过人类的长期驯化培养，早已失去了飞行能力，但在家养的鸡、鸭、鹅群中，有时会出现一只飞行能力特别强的鸡、鸭、鹅，这只鸡、鸭、鹅就是由于在其身上出现了返祖现象，使其飞行能力得到了恢复。此外，长有“脚”的蛇，尾鳍旁长有小鳍的海豚也是动物返祖的例证。——编者注

第十章 肉鸡福利

第一节 动物福利与肉鸡福利概况

244. 什么是动物福利？提倡动物福利有什么目的？

动物福利是指为了使动物能够健康快乐而采取的一系列行为和给动物提供相应的外部条件，使动物在无任何痛苦、无任何疾病、无行为异常、无心理紧张压抑的安适状态下生长发育。Hughes把动物福利定义为“动物在精神和生理上完全健康并与环境协调一致的状态”。Broom提出动物福利是指动物在舒适环境下表现出的状态，反映动物的生理、心理健康状况，强调保证动物康乐的外部条件。

提倡动物福利的主要目的有两个方面：一是从以人为本的思想出发，改善动物福利可最大限度地发挥动物的作用，让动物更好地为人类服务；二是从人道主义出发，重视动物福利，改善动物的康乐程度，使动物尽可能免除不必要的痛苦。由此可见，动物福利的目的就是人类在兼顾利用动物的同时，改善动物的生存状况。

245. 动物福利的基本原则是什么？

为了满足动物的需求，使动物能够活得舒适，死得不痛苦，具体讲应让动物享有国际上公认的五大原则。

（1）享有不受饥渴的自由 保证提供动物保持良好健康和精力所需要的食物和饮水，主要目的是满足动物的生命需要。

（2）享有生活舒适的自由 提供适当的房舍或栖息场所，让动物能够得到舒适的休息和睡眠。

（3）享有不受痛苦伤害和疾病的自由　保证动物不受额外的疼痛，预防疾病和对患病动物及时治疗。

（4）享有生活无恐惧和悲伤的自由　保证避免动物遭受精神痛苦的各种条件和处置。

（5）享有表达天性的自由　提供足够的空间适应的设施以及与同类动物伙伴在一起。

246. 规模化生产中推行动物福利有何意义？

在现代规模化、集约化的生产中，生产水平提高，生产规模扩大，产生了很大的经济效益。与此同时，疫病大规模暴发、环境恶化、产品质量低劣、动物行为异常等情况越来越严重。在这种情况下，福利养殖的概念孕育而生。福利养殖是在常规饲养的基础上使用相应的畜禽福利养殖技术，让畜禽在舒适的养殖环境中，在更科学合理的技术指导下健康生长，从而获得更好的生产性能并提供更好更安全的产品。

247. 全球肉鸡主产国动物福利发展状况如何？

近年来全球肉鸡主产国（美国和中国）与欧盟对肉鸡福利都很关注。2007年欧盟通过了关于肉鸡福利的欧盟委员会指令，这个指令规定了肉鸡福利的最基本要求，第一次对最大饲养密度进行了强制规定。美国许多州颁布了涉及农场动物的动物残忍条例，国家家禽委员会也制定了自愿动物福利指导方针；中国的动物福利方面的措施也在不断得到提高，在家禽领域，随着集约化养殖业的发展，中国肉鸡养殖呈现出良好的发展势头。虽然规模养殖极大地促进了生产力，但由于规模饲养环境所带来的肉鸡健康、福利和鸡肉产品品质问题也逐渐引起了人们的重视，不仅影响到肉鸡的健康与福利，而且对鸡肉产品品质也造成了影响。肉鸡饲养业是畜牧业中发展最快的产业，而在肉鸡的实际生产中，随着集约化程度的提高，肉鸡的健康与福利问题也越来越严重，关心肉鸡福利，也就保证了使用了鸡肉产品的人类的健康。

第二节　肉鸡福利的影响因素及保障措施

248. 肉鸡生产中存在哪些福利问题?

在肉鸡产业不断发展的过程中，集约化、自动化程度不断提高。然而就在不断追求高度自动化、高效率及快速育肥的过程中，肉鸡产业也逐渐地暴露了一些问题：过度重视生产效率，忽略肉鸡饲养环境引起的肉鸡的啄羽、啄肛等非生物学行为，通风不畅导致的有害气体浓度增加，引起肉鸡呼吸道疾病的产生，或者一味地提高肉鸡生长速率引起的肉鸡骨骼发育不良问题。由此，人们逐渐开始关注肉鸡饲养过程中的福利问题，试图通过提高肉鸡的福利，改善肉鸡的健康并在一定程度上提高其生产性能。目前，有关于肉鸡的福利问题主要包括死亡率、骨骼疾病、接触性皮炎、呼吸道疾病、应激指标、热应激和行为限制等。而引起肉鸡以上福利问题的因素主要包括环境因素、饲养管理及运输和屠宰等。

249. 生产管理方式对肉鸡福利有何影响?

（1）散养（平养） 散养即让鸡群在自然环境中活动、觅食，辅以人工饲喂，夜间再让鸡群回鸡舍栖息的饲养方式。舍饲散养规模一般在几百只到几千只浮动。散养肉鸡的主要问题是对鸡群密度的控制，由于密度过高、体弱、有病、受伤的个体难以发现，往往得不到及时救助。研究表明，当密度由10.8只/米^{2}增加到26.9只/米^{2}时，增重呈直线下降，且水疱症状明显增加。散养的另一问题是发生在出栏时的抓鸡过程，鸡群经受较强的应激。与笼养方式相比，散养更符合肉鸡的自然和生理需要，鸡只可根据自身的生理需要与习性全天自由采食与活动，不受人为的约束。同时，散养肉鸡的活动空间和场所，运动量和光照时间明显增加。

（2）笼养 随着生产效率的提高和饲养成本的降低，出现了笼养的高度集约化饲养方式。笼养比平养需要的劳力少，且可减少对土地的占有和节省能源，同时又能控制疾病的传播，但是笼养加大了鸡的饲养密度，笼具的成本很高。一般来说，肉种鸡可以采用笼养，便于记录，但笼养可给鸡的健康带来不利影响。由于肉鸡生长速度快，在笼子里缺少运动，加上鸡笼本身也能对鸡体产生直接伤害。表现的主要问题是胸部水疱、溃疡、毛囊肿大、感染、腿及脚趾的变形、龙骨的弯曲、骨质脆弱等。同散养相比，笼养的缺点明显多于优点，优点是减少抓鸡时的应激和损伤。

（3）限饲 限饲在肉鸡生产上有积极的一面，例如可以防止种鸡过肥，防止腿病、骨骼问题以及心脏疾病所引起的死亡等，但同时也给肉鸡造成了极大的痛苦，这是肉鸡福利遇到的两难问题。肉种鸡处于生长期时，它们的日粮受到严格的限制，导致了慢性饥饿、沮丧和应激。应采取新的方法来饲喂和管理肉种鸡，以便减少残酷的限饲制度所造成福利下降的后果。

（4）饲养管理 饲养管理是影响肉鸡死亡的重要因素之一，尽管这与环境因素有关。饲养人员正确抓鸡可减少其恐惧感，促进其生长，但在鸡群体过大时难以实现。工作人员仅与鸡进行视觉接触也会减少鸡的恐惧和应激。饲养人员应对空气质量进行控制，空气质量与垫料水分含量、富集材料、热环境、饲料和饮水质量等紧密相关。

250. 饲养环境对肉鸡福利有何影响？

（1）饲养密度 高密度饲养是肉鸡生产的一个突出特点。它不仅会增加疾病的传播，还会加剧舍内空气质量的恶化，如氨气浓度增高、湿度过高、灰尘过大等，从而引起呼吸道疾病。饲养密度高时动物福利比较差，主要表现在拥挤限制自然行为、垫料质量与皮肤溃烂和脚溃疡、空气污染、拥挤与温度控制等方面。研究认为，饲养密度在25千克/米^2（每平方米12.5只）时，肉鸡的大部分福利问题都可以避免；密度超过30千克/米^2（每平方米15只）时，福利问题发生的频率直线上升。密度在一定范围内，有利于提高经济效益与福利，超过这一范围，增加密度就会极大地损害肉鸡福利。

（2）供水　给水质量和供水方式直接影响着动物福利。采用乳头式饮水器时，如果设计或管理不当，也会对肉鸡福利产生不利影响。

（3）温度　温度对鸡的生产性能影响最大。鸡只所需的适宜温度随鸡龄不同而有所变化。一般育雏第1日龄舍温要求较高，在33～35℃，以后每周下降2～3℃，直至18～25℃。而在育成期，适宜的温度是鸡只发挥正常生产性能的保证。此外，低温也会对肉鸡福利指标产生重要影响。低温会增加鸡的维持需要，使其生长缓慢，料肉比增加，对疾病的抵抗力下降。

（4）湿度　湿度的高低对肉鸡福利也有影响，鸡群的最适相对湿度为65%～70%。高湿对肉鸡体温调节不利，而低湿会引起肉鸡烦躁不安。在适当的温度条件下，湿度对肉鸡福利影响较小。在高温高湿的环境中，鸡体散热困难，引起体温上升，易造成热应激或中毒甚至死亡。

（5）光照　肉鸡接受自然光照比较好。光照一方面使鸡方便采食，另一方面能促进鸡只的性成熟和产蛋。雏鸡对光照度的要求是越小越好，肉鸡光照度超过150勒克斯，不会降低体增重，但会增加好斗行为。光照度较低可能降低肉鸡体增重、导致眼睛损害、增加死亡率和导致肉鸡的生理学变化。持续光照有许多缺点，肉鸡较少活动，腿部问题更加普遍，眼睛损害也可能发生；代谢问题也普遍发；肉鸡的休息被打扰，引起生理应激。

（6）通风　通风系统的设计对肉鸡福利有着重要的影响，由于肉鸡的生长速度快，新陈代谢旺盛，并且属于高密度饲养。随着鸡只的不断生长，需要的新鲜空气量也越来越多；有利于及时降低鸡舍产生有害气体的浓度，如二氧化碳和氨气浓度，通风有利于清除空气灰尘，减少空气尘埃，防止肉鸡暴露在污染的环境中，从而避免污染物质的危害和机体抗病力的降低。

（7）舍内有害物质 鸡舍空气中的有害物质主要包括氨气、硫化氢气体及空气中的粉尘等。有害气体中的氨气被认为是肉鸡舍里最有害的气体。不同浓度氨对家禽的健康造成的影响不同。当氨浓度为50毫克/升时，已经观察到有中毒现象和气管炎的发生，这些气管与肺的损害致使肉鸡更容易遭受大肠杆菌等细菌的感染，从而对肉鸡的生产性能和福利造成较大影响。如果能较好地控制鸡舍内氨气的浓度，硫化氢和粉尘等问题也将迎刃而解。

251.运输对动物福利有何影响？

运输常常给家禽造成痛苦、损伤或疾病。运输过程中已知的应激因子包括热应激、冷应激、拥挤、震动、加速、噪声、长时间的断料和断水等。很明显，运输工具的颠簸、温度、空气流动、噪声、臭味、群居秩序的改变、饲料和饮水的剥夺以及恐惧、疼痛等应激因素，对肉鸡及其肉质均具有有害的影响。这种应激将会导致运输时肉鸡死亡、受伤，因炎热导致不适、脱水等，造成家禽运输途中死亡的主要原因是充血性心力衰竭和处理不当造成的外伤。所以在运输过程中应尽量避免嘈杂的声音、难闻的气味、不熟悉的同伴，最大限度缩短运输距离，保证宽敞的运输空间，从而确保肉鸡在运输过程中的健康与福利。直接在肉鸡饲养地进行屠宰完全减免这一步骤。

252.屠宰对动物福利有何影响？

屠宰开始前，肉鸡在屠宰场依然要面临福利问题。运到屠宰场的肉鸡有时需要拖延很长时间才能进行卸载和屠宰，这加剧转运过程中的应激。有时肉鸡被运到目的地还会拖延1天屠宰，陪伴它们的可能是极度的应激，许多肉鸡在到达后于卸载期间死亡。进行卸载的肉鸡，由于抓鸡不当和屠宰时腿部被钩子钩住，倒挂在生产线上，它们的腿骨继续遭受更大的损伤，屠宰后发现40%的鸡只身上有青肿淤血现象。在屠宰过程中，如果操作不正确，就会降低家禽的福利。

253.怎样提高肉鸡福利?

肉鸡的环境条件及生产管理方式与肉鸡的健康和福利息息相关，应该从肉鸡福利方面出发，规范肉鸡养殖的管理，明确福利标准，推行标准化生产。通过改善肉鸡的环境条件与管理手段，可以提高肉鸡的健康与福利水平，最终也保障畜产品品质。具体可以采用以下几个措施：提高规模化肉鸡养殖场的设施装备水平，如舍内温湿度监测、空气质量监测系统化、自动化等，从而可以有效控制、改善肉鸡的饲养环境，使温度、湿度和通风调节到与肉鸡日龄与环境相适应的程度，减少对肉鸡应激和伤害；避免拥挤或饲养过量，定期更换垫料，以提供给肉鸡足够的、舒适的运动场所，满足其天性；提供合理的营养程序，饲喂营养均衡的日粮，保证饮水质量，不使用违禁添加剂，确保肉鸡的健康与正常生长；制订规范的免疫流程，以预防为主、治疗为辅，避免盲目使用抗生素；改善肉鸡在运输与屠宰过程中的福利。

第十一章　规模化肉鸡场的经营管理

第一节　鸡场人员的管理

254.怎样选择优秀的鸡场场长?

场长是一个企业的领导中枢，是决定企业成败的关键人物，作为大中型鸡场的场长应具备下列条件：

①受过专业教育或相当于同等教育水平的专业性训练，并要懂得商业工作的基本知识。

②具有较丰富的实践经验。

③有较高的工作效能和较强的领导能力，与下级关系融洽，能听取下级的意见，交代工作清楚明了。

④对下级每一个部门的工作不但熟悉，而且懂得如何做。

⑤热爱自己的事业，富有自我牺牲精神。

⑥懂得心理学，善于随机应变，有工作魄力，善于解决困难。

255.科学制定鸡场所管理规章制度的原则是什么?

鸡场的规章制度是体现鸡场与劳动者在共同劳动、工作中所必须遵守的劳动行为规范的总和。依法制定规章制度是鸡场内部的“立法”，是鸡场规范运行和行使用人权的重要方式之一，鸡场应最大限度地利用和行使好法律赋予的这一权利。一是建立现代养殖企业制度的需要，二是规范指引企业部门工作与职工行为需要，三是完善劳动合同制，解决劳动争议不可缺少的有力手段，四是巩固劳动纪律的需要，能使员工行为合力，提高管理效率。

制定规章制度首先要紧密结合企业自身情况，并严格依法进行，应做到“合理、合法、全面、具体”，假如规章制度内容有违法内容，不符合法律法规，就不具有法律效力，如养鸡场依照这些内容管理员工而发生争议，鸡场的行为将得不到法律的支持，因此必须内容合法。其次制度要细化，如行政事业部规章制度细化是印章管理制度、档案管理制度、行文管理制度、人事管理制度、财务管理制度等。最后要对制定的规章制度进行及时的修改、补充，不能制定好后便万事大吉，要根据实际依法不断推陈出新，因为有的条款制定时合法，可能现在已不合法。

256. 鸡场组织结构和管理岗位设置的原则有哪些？

为了保障鸡场生产正常而有秩序的进行，必须建立一个精干的组织机构。组织结构和管理岗位的设计必须把握五条原则：战略导向原则、简洁高效原则、负荷适当原则、责任均衡原则、企业价值最大化原则。

（1）战略导向原则　战略决定组织架构，组织架构支撑企业战略落地。设置任何部门都必须成为鸡场某一战略的载体。

（2）简洁高效原则　部门绝不会越多越好，以层级简洁、管理高效为原则。过多则效率低下，过少则残缺不全。

（3）负荷适当原则　部门功能划分适度，不能让某个部门承载过多功能。功能集中不仅不利于快速反应，而且还会形成工作瓶颈，制约养鸡场的发展。

（4）责任均衡原则　责任均衡体现鸡场的授权艺术。如果让某部门“一枝独秀”“权倾四野”，可能有工作效率无企业效益，权力失衡、制约乏力往往会滋生腐败。负荷适当体现的是功能多少，责任均衡体现的是权力大小。

（5）企业价值最大化原则　组织结构和管理岗位设置的根本原则，那就是让部门组合价值最大化，即确保养鸡场以最少的投入获得最大的市场回报。

257. 场长和副场长的职责是什么？

根据养鸡场制定的各项规章制度的原则，必须明确养鸡场每个岗位的工作职责和工作权限。如场长的岗位职责是负责全面工作：监督、审核、指导各生产主管的工作；制定政策和制度，建设和运行内部各项管理体系，负责各部门的协调和沟通，确保工作顺利进行；负责场内各环节的资金运行。生产副场长的岗位职责是辅佐场长，协助同事，负责基层生产工作：提高指标，控制生产成本，监督、审核、指导基层员工的工作；制定内部制度，建设和运行内部各项管理体系，确保生产计划顺利完成；负责组织员工的培训工作，为员工的发展提供平台；负责各部门的协调和沟通，确保工作顺利进行等。

258. 采用哪些措施可以使岗位责任制有效落实？

（1）保证职务分析得到认真执行 应该以严谨的态度认真、细致地进行职务分析，得到真正对企业有用的信息和成果文件。职务分析的方法选择和步骤一定要根据各自企业的实际情况而定，职务分析人员也要对相关职务有更加深刻的理解，做到职务分析的成果真实有用。

（2）对职务分析进行及时修订 当企业岗位相关信息发生变化时，要进行相关的职务分析，重新修订已发生变化的内容。使职位职责能够与企业的人力资源管理需求相适应，并使岗位责任制能够得到贯彻。岗位职责应该至少半年完善一次，保证及时发现问题、处理问题。

（3）将岗位的权、责、利统一 权就是为完成工作而应拥有的权利，责就是职务中所要承担的责任，利是完成工作应该得到的报酬。权、责、利统一，就是将岗位的权利、责任和收益统一起来。

（4）提高岗位履职能力 对照职务资格要求，对不符合上岗资格要求的员工进行岗位培训或者转岗，最终使得企业每个员工都能胜任自己的职务。

259.规模化鸡场有哪些职能部门和岗位设置?

要实现肉鸡的规模化养殖企业的有序运营，就必须建立各部门管理制度。即根据不同职能要求，建立企业各个职能部门。各部门之间既有分工，又有合作，是一个统一的整体。具体地说，设立的职能部门包括采购部、生产技术部、销售部、财务部和人力行政部等部门。

（1）**采购部**　负责鸡场大宗设备、饲料、疫苗、兽药及其他生产物料的采购。对所需材料、设备、成品、半成品的考察、询价、比价及招标，采购合同的签订与执行。

（2）**生产技术部**　根据鸡场对生产的总体要求，科学合理安排种鸡、种蛋和肉鸡的生产。根据鸡的生长特点，建立和完善种鸡、后备鸡和育肥鸡等生产各环节的操作规程。

（3）**销售部**　负责市场调研、营销策划、形象宣传、客户开发与服务；制订鸡场年度营销目标计划、产品企划策略及各阶段实施目标。

（4）**财务部**　负责认真贯彻执行国家财经法规、政策和制度，组织鸡场的财务管理和会计核算工作。规范鸡场的财务行为，确保鸡场财产安全。

（5）**人力行政部**　在场长的领导下全面负责企业的行政事务，积极贯彻行政管理方针、政策，为实现上传下达和各部门之间的协调运作提供支持和后勤保障。

260.怎样建立有效的激励制度?

激励制度就是为了激发人或团体的潜力而建立的制度，可以开发人的潜在能力，调动人的积极性和创造性。它具有激发动机、鼓励行为、形成动力的意义。激励制度能使团体、组织产生向心力，同时能提高人的素质和提高工作效率。激励制度还能吸引人才，增强团体、组织的活力与团结。考虑到激励对象所处的层次，应对不同类型、不同级别的员工采用不同的激励方式，激励的方法主要有以下8种。

（1）**目标激励** 推行目标责任制，使每个人都清楚该做什么，做到什么程度，做好了能得到什么，做不好要付出什么代价等。

（2）**示范激励** 通过各级主管的行为示范、敬业精神正面影响员工。

（3）**尊重激励** 尊重各级员工的价值取向和独立人格，尤其尊重企业的小人物和普通员工，使其知恩感恩。

（4）**参与激励** 建立员工参与管理、提出合理化建议的制度和员工持股制度，提高员工主人翁参与意识。

（5）**荣誉激励** 对员工劳动态度和贡献予以荣誉奖励，如会议表彰、发给荣誉证书、光荣榜、在企业内外媒体上的宣传报道等。

（6）**关心激励** 对员工工作和生活的关心，如建立员工生日情况表，关心员工的困难，及时送给员工企业的关心。

（7）**竞争激励** 提倡企业内部员工之间、部门之间的有序平等的竞争，以及优胜劣汰。

（8）**处罚** 对犯有过失、错误，违反企业规章制度，贻误工作，损坏设备的进行处罚。

261.怎样发放薪金和奖励？

鸡场对管理层和基层工人的薪金及奖金的发放总的原则是“激励为主、有奖有罚”。各岗位工资可根据其岗位的特殊性（安全、成活率、饲料消耗、产品销量等等），制定基础工资和奖金（计件或提成）。如某员工总工资=固定部分（基础工资+津贴）+浮动部分（绩效工资+奖金），总工资与人员对鸡场效益贡献挂钩（固定部分工资与浮动部分工资所占比例可分别设定为管理类50%∶50%、技术类60%∶40%、营销类和操作类30%∶70%）。

第二节 鸡场的财务管理

262.怎样进行固定资金的管理?

固定资金是用在固定资产上的资金。管好、用好固定资金与管好、用好固定资产密切相关。

(1) 要正确地核定固定资产需要的数量，对固定资产的需要量，要本着节约的原则核定，以减少对资金的过多占用，充分发挥固定资产的作用，防止资金积压。

(2) 要建立健全固定资产管理制度，管好、用好固定资产，提高固定资产的利用率。要正确地计算和提取固定资产折旧费，并管好、用好折旧基金，使固定资产的损耗及时得到补偿，保证固定资产能适时得到更新。

(3) 固定资产因使用而转移到产品成本中去的那部分价值称为折旧费。折旧费数额占固定资产原值的比例为折旧率。其计算公式如下：

$$年折旧率=\frac{固定资产原值-净残值}{固定资产原值\times 预计使用年限}\times 100\%$$

$$月折旧率=年折旧率/12$$

$$月折旧额=固定资产原值\times 月折旧率$$

263.怎样进行流动资金管理?

流动资金是养鸡场在生产领域所需的资金，支付工资和支付其他费用的资金，一次或全部把价值转移到产品成本中去，随着产品的销售而收回，并重新用于支出，以保证再生产的继续进行。鸡场的流动资金管理即要保证生产经营的需要，又要减少占用，并节约使用。

（1）储备资金 储备资金的管理是流动资金中占用量较大的一项资金。管好、用好储备资金涉及物资的采购、运输、储存、保管等。要加强物资采购的计划性，供应环节计算采购量，既要做到按时供应，保证生产需要，又要防止盲目采购，造成积压。加强仓库管理，建立健全管理制度。加强材料的计量、验收、入库、领取工作，做到日清、月清、季清点、年终全面盘点核实。

（2）生产资金 生产资金是从投入生产到产品产出以前占用在生产过程的资金。肉鸡要适时出栏，提高产品生产率。

264. 肉鸡场的成本由哪些构成？

（1）肉鸡成本

①通常算法：

肉鸡成本=鸡苗+饲料+药物+人工+保温+水电+折旧+财务+管理

单位成本=（鸡苗+饲料+药物+人工+保温+水电+折旧+财务+管理）/肉鸡重量

②“企业+农户”算法：

肉鸡成本=鸡苗+饲料+药物+养户利润+企业管理

单位成本=（鸡苗+饲料+药物+养户利润+企业管理）/肉鸡重量

（2）种鸡成本 通常指育成种鸡开产前的累计成本，包括饲养过程死亡、按选种要求淘汰和配套种公鸡所耗用的成本。

种鸡成本=种苗+饲料+药物+人工+保温+水电+折旧+财务+管理

每只种鸡成本=（种苗+饲料+药物+人工+保温+水电+折旧+财务+管理）/合格种鸡数量

（3）种蛋成本

单位种蛋成本=（种鸡成本分摊+饲料+药物+人工+水电+折

旧+财务+管理）/合格种蛋数

（4）鸡苗成本

单位鸡苗成本=（种蛋总成本+孵化费用）/鸡苗数

265.各成本因素对总成本产生有何影响?

在肉鸡生产中，构成成本的每一个项目都直接影响到总成本，但是各自的影响程度是不同的，最主要的三个因素是饲料、种苗和药物，一般占总成本的85%～90%，其他因素占总成本10%～15%。

（1）商品肉鸡　最大的成本是饲料，一般占总成本70%～75%；其次是鸡苗，占总成本10%～15%；然后是药物，占总成本2%～5%；其他的占5%～18%。

（2）种鸡成本　构成项目和肉鸡一样，由于种鸡饲养期长，需要投入的人工成本较多，上面提到的除饲料、鸡苗、药物是构成总成本的关键因素外，人工成本相对来说也显得重要。由于饲养水平、饲养品种和饲养地区的差异，一般饲料成本占总成本70%～75%，种苗占总成本20%～15%，人工占总成本5%～7%，药物占总成本4%～6%，其他的占5%左右。

（3）种蛋成本　行业内计算种蛋成本的方法较多，计算出来的结果相差较大，单纯讲一个种蛋的成本对自己的企业或养殖场有一定的意义，但在通常情况下对其他企业或养殖场没有可比性，因统计的标准可能不同。通常算法是：

单位种蛋成本=（产蛋期间种鸡发生的费用+育成种鸡分摊费用－期间淘汰种鸡收入－不合格种蛋收入）/种蛋数量

（4）鸡苗成本　由种蛋成本和孵化费用决定。孵化费用一方面看效率，包括设备投资、机器利用率、人工成本、节能措施等；另一方面看成绩，包括孵化率和鸡苗质量，在同样的种蛋成本投入下，孵出来的正品鸡苗越多，鸡苗的成本就越低。

266. 肉鸡场从哪些方面进行成本控制?

(1)饲料 饲料是肉鸡养殖最重要的成本因素，有效控制饲料成本是全行业共同的追求。而饲料成本控制的最大误区是片面追求低价饲料或随意减少饲喂量。

(2)鸡苗 鸡苗在成本结构中占第二大的比重。特别是父母代种鸡苗，不好的鸡苗可能会造成重大损失。买好品种、好质量的鸡苗是降低鸡苗成本的好方法。

(3)药物 药物在养殖过程中必不可少，要想降低药物费用，主要是通过加强饲养管理，做好防疫措施；防止滥用药物；来历不明的药物少用；有病早医。

(4)人工费用 主要从两个方面控制：一是人力控制，包括饲养规模、岗位设置等。总体上，规模越小，人工费用越高；岗位设置应与饲养规模相匹配，在饲养规模不大的情况下，岗位设置越多，管理环节越多，人工的成本也就越大。二是效率控制，一个人能养8 000只鸡，如果实际上只养了4 000只，那么人工费用就必然高了1倍。

(5)水电费 控制策略是杜绝浪费，使用节能设备。

(6)保温费 应根据各地能源价格采用适当的保温方式。

(7)折旧费 与投资规模和折旧年限有关，单位饲养量相同时，投资越多，折旧费越大，经营的成本和风险也就越大。

(8)管理费 管理架构尽量简单，管理人员尽量精简，减少不必要的开支是控制管理费的有效方法。主要是控制人员工资、接待费用和办公费用。

(9)鸡群优选 在规模化养殖过程中，总有部分残次鸡、严重发育不良鸡或者生产性能低下鸡，这部分鸡不及时处理，只会推高其他鸡的生产成本。因此，果断挑选和处理问题鸡对生产而言具有现实意义。

267.怎样进行肉鸡养殖效益分析?

肉鸡的收入主要是由活鸡重（毛鸡）和副产品（鸡粪、饲料袋等）的收入构成。将收入部分减去饲料、鸡苗、药费、固定资产折旧、维修等成本费以后为肉鸡的利润。因此，影响肉鸡养殖效益主要由肉鸡销售价格和养殖成本构成，而养殖成本的主要指标为料肉比、饲料平均价格和鸡苗价格。

（1）肉鸡生产成本　肉鸡饲养期间的全部费用都应列入本批肉鸡的成本，包括饲料、鸡苗、药品疫苗、人工、水电、房屋及饲养器具折旧、垫料和其他零星费用。如果肉鸡全期成活率为95%、出栏鸡平均体重为2.00千克，则出栏肉鸡的单位成本=料肉比×平均料价+鸡苗成本（鸡苗价÷0.95÷2.00）+（药品疫苗费用+人员工资+水电费+折旧费+其他费用）÷出栏数。

考虑到大多数养殖户在实际中将折旧和人员工资计入利润而不计入成本，所以对养殖户核算毛鸡的成本时可简化为毛鸡的单位成本=料肉比×平均料价+鸡苗成本（鸡苗价÷0.95÷2.00）+0.35+0.10。

①饲料成本：两种计算方法。

一是根据料肉比计算，假定饲料平均价格为3.00元/千克，鸡苗价为2.80元/只，则毛鸡的单位成本为：

毛鸡的单位成本=料肉比×3.00+2.80÷0.95÷2.00+0.35+0.10

=料肉比×3.00+1.92

二是根据平均料价计算，假定某种饲料在一般饲养条件下的料肉比为2.0，鸡苗价为2.80元/只，则毛鸡的单位成本为：

毛鸡的单位成本=2.0×平均料价+2.80÷0.95÷2.00+0.35+0.10

=2.0×平均料价+1.92

②鸡苗成本：鸡苗成本=鸡苗价格÷（0.95×2.00）。假定平均料价为3.00元/千克；料肉比为2.0，则毛鸡的单位成本为：

毛鸡的单位成本=2.0×3.00+鸡苗成本+0.35+0.10

=6.45+鸡苗价格÷1.90

③其他成本：通常情况下，平均每1 000只入舍雏鸡药品疫苗的费用为700元左右，即每千克毛鸡的药品疫苗成本为0.35元左右；养殖用煤炉保温，每千克毛鸡的水电煤成本为0.10元左右；其他费用如垫料、易耗品等与鸡粪收入和饲料袋收入相抵。

（2）肉鸡饲养效益分析

①如果肉鸡出栏体重2.0千克，成活率95%，料肉比2.0，平均料价3.00元/千克，鸡苗价2.80元/只，则该批鸡的保本价应是7.92元/千克。

②如果毛鸡销售单价是8.40元/千克，则毛鸡的销售收入是8.40元/千克，毛鸡的利润则为0.48元/千克。如果养殖户肉鸡出栏10 000只，则其实际收益为9 600.00元。

③若其他条件不变，料肉比每变化0.05，毛鸡成本将变化0.15元/千克。

④若其他条件不变，平均料价每变化0.05元/千克，毛鸡成本价将变化0.10元/千克。

⑤若其他条件不变，鸡苗价格每变化0.50元/只，毛鸡成本将变化0.26元/千克。

⑥若其他条件不变，毛鸡销售单价每变化0.10元/千克，则毛鸡的销售收入将变化0.10元/千克。

第三节　营销体系建设

268. 肉鸡产品有哪些种类？

（1）鸡苗（种苗）　规模化肉鸡的生产首先需要鸡苗，鸡苗由中级场生产提供，中间就产生了销售环节。鸡苗的销售与其他产品销售有很大区别，鸡苗从孵化机出苗后，必须在24小时内销售出去，超过24小时只能当废品处理。时效性、计划性强是鸡苗销售的特点，因此必须预先做好计划，否则很难临时找到买家。

（2）肉鸡　规模化肉鸡场肉鸡饲养到一定的日龄和体重时就要出栏上市，由于饲养品种不同或目标市场的差异，同一上市日龄，上市体重可以不同。但同一品种，同一市场的要求较为一致。规模化肉鸡养殖，理想的状态是在合适的出栏日期短时间（每批2～3天）内全部清栏销售，这样才能满足市场的需要和保证合理的成本。

（3）肉鸡加工产品　随着经济的发展及对公共卫生安全的要求，越来越多的肉鸡不再以活鸡的形式直接销售，而是以屠宰加工的形式把活鸡加工成冰鲜货冰冻产品，甚至以加工产品出售产品销售形态的改变，拓展了销售空间，大幅度扩大了销售半径，同时在市场动荡的时候还能起到缓冲的作用。

269.肉鸡产品销售形式有哪些？

（1）直接销售　将产品直接销售到客户。鸡苗或种苗一般是通过计划有种鸡场直接销往肉鸡场；肉鸡在鸡场直接批发（零售）给客户，或者通过销售平台（批发市场）批发（零售）给客户；肉鸡加工产品则通过直接批发、超级市场、专卖店加盟店等销售给客户。

（2）代理销售　最经典的是“企业+农户”的合作模式，农民饲养的肉鸡不需要考虑销售和市场风险的问题。企业统一回收、统一销售。用于加工产品，也通过代理商的代理企业进行代理销售。

270.怎样收集与管理销售信息源？

（1）专业户和小企业的信息收集　专业户和小企业的信息收集最有效最直接的是多与同行进行沟通，可获得市场行情的基本判断，还可与鸡苗、饲料、疫苗供应商沟通了解相关的市场信息，丰富市场信息来源。如果能直接从市场收集信息，那么效果会更好。

专业户或小企业可能没有太多的渠道和精力收集更多的市场信息，跟随或参与当地有名的大企业或者当地比较成功的企业是不错的选择，既可以得到想要的信息，也不用花太多的经历。

（2）较大规模企业的信息收集

①内部信息来源：大型企业本身都有很多历史数据，包括各时期产量、销售变化、市场趋势、客户及分布等资料，只要加以调整，就可以发现一些非常有利的信息。

②专事专人收集：由于销售依赖于多方面的信息，很多大型企业都有专人收集信息，主要由市场部或销售部来负责信息收集，信息涵盖多方面内容，包括国家宏观政策、行业导向、股票、期货市场、国际油价、行业生产水平，地区差异、疫病情况、饲料供应、种鸡生产动态、肉鸡行情趋势、某一个市场主要销售某一个品种肉鸡等。

③利用公共平台收集：参加家禽协会、养鸡协会或区域行业组织，通过信息互换和集合，可掌握较多的市场信息。

④信息的整理利用：对于一个大型企业，各种信息源源不断，一大堆杂乱的信息对经营决策不会有很大的帮助，但通过整理分析后的信息，可以解决目前的销售问题，更重要的是可为未来的决策提供依据。由于电脑的普及应用，信息的处理效率提高，有的企业已经建立起营销信息系统，对信息的收集、管理有一套完善的制度，可为生产和营销提供重要的参考依据。

271. 怎样选择目标市场?

（1）选择目标市场 目标市场的选择非常重要，大众化品种一般是大企业占主导地位，市场和价格有优势；本地化特色化的肉鸡品种大企业一般不会投入太多的精力，这就为中小企业提供了差异化的选择。消费习惯不同，对饲养品种有不同的要求，对准目标市场选择合适的饲养品种是养殖成功的前提。

（2）适时调整需求 市场是多样变化的，人的需求也是易变的，例如新品种或改良品种更适合市场，同品种重量和上市日龄在某时段会改变，某品种鸡逐渐淡出市场等都直接影响到产品的销售。只有及时调整品种结构，才能应对市场的变化。

272.怎样建立产品的品牌战略?

（1）质量保证　养鸡生产具有特殊性，如生产过程是否得到有效的控制，产品是否达到较高的水平，是否符合消费者或客户的期待等。没有过硬的质量，不可能创造出有价值的品牌。

（2）建立品牌标识　品牌是一种名称、术语、标记、符号或设计，或是它们组合运用。建立品牌的目的是为了辨识某个销售者或者某群销售者的产品或服务，并使之同竞争对手的产品和服务区别开来。一个品牌的本质是营销者许诺向顾客持续传递特定的特性利益和服务，只有当顾客接受到企业传递的利益承诺时，品牌的价值才能体现出来。

（3）推广品牌价值　虽说“酒香不怕巷子深”，但积极主动的推广还是可以提高知名度的。通常可以通过在专业的刊物做广告，参加、赞助行业展销会，组织技术研讨会，参加行业协会，印制派发宣传资料等进行宣传。小企业或小农户通过亲戚朋友的宣传也可以收到很好的推广品牌的作用。

273.怎样进行销售队伍的管理?

（1）销售队伍的目标和战略　根据养殖规模及销售产品的不同，对销售队伍要有不同的目标和规定。例如，一家企业的销售代表，要将80%的时间用于维护现有的客户，20%的时间用于发掘潜在的客户；要将85%的时间用于推销现有的产品，15%的时间用于推销新的产品。除了销售外，销售人员还有其他特定的任务，例如寻找客户、收集信息、提供服务、信息传播、产品推广等。

（2）销售队伍的报酬　为了吸引高素质的销售人才，企业应拟定一个有吸引力的薪酬计划。报酬水平必须与同类销售工作和所需能力“市场价格”有某种联系。然而，销售人员的市场价格往往不好确定，即使同一行业，销售人员的固定工资、奖金、提成、费用补助的比重也各不相同。规模化肉鸡销售具有特殊性，鸡苗肉鸡价格每天都在波动，并常出现大浮动的波动情况，销售的主动权往往掌握在销售人员的手中，适时给销售人员较高的报酬，对企业来说具有一定的积极意义。

（3）销售队伍的管理 一旦销售队伍的目标战略结构和规模报酬等方式确定之后，企业应着手进行销售人员的招聘、挑选、培训、指导、激励和评价等工作。

274.怎样进行销售人员的管理？

（1）招聘和挑选销售人员 销售队伍的工作要获得成功，中心问题是选择高效率的销售人员。大多数客户希望销售人员诚实可靠，有知识和乐于助人。企业招聘销售人员最看重的是诚实，其次是所谓的能力，没有好的道德修养，企业不敢轻易录用。很多企业老板亲自负责管理销售就是例证。在重要的销售岗位，很多企业采取了内部选拔内部培养的方式，最主要的原因是想解决诚信上的问题。

（2）培训销售人员 当顾客有更多的需求和选择时，都希望销售人员具有丰富的产品知识，能主动提供意见，帮助顾客作出选择。新招的销售人员一定要经过一段时间的培训，让他们充分了解企业的各方面情况，如企业的产品、各类顾客及竞争对手的特点、推销技巧、工作的程序和责任等。培训方法和时间可以根据实际情况确定。

（3）监督销售人员 各企业对销售人员的监督程序可以不同，按销售提成取得薪酬的，可以少监督；而那些领固定工资和销售价格变动的产品的销售人员，应对其进行严格的监督。

（4）激励销售人员 有些销售人员是不需要管理层指导就可以尽其所能努力地工作，对他们来说，推销是世界上最迷人的工作，他们雄心勃勃，有自发的精神。然而大多数销售人员是需要鼓励和特殊刺激才能努力工作的。而激励因素价值的大小，根据销售人员个人的特征和不同而定。有人更喜欢物质的奖励，有人更看重提升的机会，有人看重被肯定和自我价值的实现。企业应根据具体的情况设定激励方案。

（5）评价销售人员　定期评价销售人员的表现，可以让销售人员知道管理层一直在关注销售人员的表现和销售业绩。通过行业内同类产品的售价、销售产品的地区分布、客户的类型和新客户的开发，可以判断现时的表现和能力。同时，对未来的行动计划和采取的实际行动与效果给予评价，可以促进销售人员更加积极主动地工作。

参 考 文 献

曾庆孝，芮汉明，李汴生，2002．食品加工与保藏原理[M]．北京：化学工业出版社．

常泽军，杜顺风，李鹤飞，2006．肉鸡[M]．北京：中国农业大学出版社．

陈宝江，2009．畜禽营养与饲料[M]．北京：金盾出版社．

陈辉，黄仁录，2010．山场养鸡关键技术[M]．北京：金盾出版社．

房振伟，赵永国，2005．农业科技入户丛书：肉鸡标准化饲养新技术[M]．北京：中国农业出版社．

甘孟侯，2003．中国禽病学[M]．北京：中国农业出版社．

呙于明，2004．家禽营养[M]．北京：中国农业大学出版社．

黄仁录，李巍，2003．肉鸡标准化生产技术[M]．北京：中国农业大学出版社．

江苏畜牧兽医职业技术学院，2002．实用养鸡大全[M]．北京：中国农业出版社．

康相涛，崔保安，赖银生，2007．实用养鸡大全[M].2版．郑州：河南科学技术出版社．

李东，2000．精品肉鸡产业化生产[M]．北京：中国农业大学出版社．

李红发，2007．肉鸡业现状及发展趋势[J]．中国畜禽种业（2）：21-23．

李辉，唐志权，2008．肉鸡高效饲养关键技术[M]．哈尔滨：黑龙江科学技术出版社．

李英，谷子林，2005．规模化生态放养鸡[M]．北京：中国农业大学出版社．

李英，赵佩铮，2000．鸡的营养与饲料配方[M]．北京：中国农业出版社．

李玉欣，2003．肉仔鸡补偿生长条件下蛋白质周转代谢及异亮氨酸需要量的研究[D]．北京：中国农业大学．

林亚峰，2013．笼养肉鸡饲养管理及疫病防控技术[J]．农业知识（科学养殖）

(30)：46-49.

刘灿，2008. 中国肉鸡生产布局研究——基于区域比较优势的实证分析[D]. 南京农业大学.

刘华贵，2006. 优质黄羽肉鸡养殖技术[M]. 北京：金盾出版社.

骆玉斌，唐式法，2002. 鸡病防治手册[M]. 北京：科学技术文献出版社.

宁中华，2002. 现代实用养鸡技术[M]. 北京：中国农业出版社.

秦长川，李业福，2003. 肉鸡饲养技术指南[M]. 北京：中国农业大学出版社.

邱祥聘，2002. 养鸡全书[M]. 成都：四川科学技术出版社.

任祖伊，1997. 禽病防治500问[M]. 北京：中国农业出版社.

舒鼎铭，2015. 黄羽肉鸡规模化健康养殖综合技术[M]. 北京：中国农业出版社.

王成章，2003. 饲料学[M]. 北京：中国农业出版社.

王寒笑，安玉发，陈丽芬，2006. 中国肉鸡养殖成本分析[J]. 中国家禽，28(14)：10-13.

王继华，傅庆民，2005. 鸡饲料配方设计技术[M]. 北京：中国农业大学出版社.

王金洛，宋维平，2002. 规模化养鸡新技术[M]. 北京：中国农业出版社.

王克华，窦套存，曲亮，等，2012. 优质鸡选育方案研究[J]. 中国家禽（1）：7-10.

魏刚才，刘保国，2010. 现代实用养鸡技术大全[M]. 北京：化学工业出版社.

文博，顾华斌，2015. 黄羽肉鸡发展趋势与展望[J]. 农村新技术(03):42-43.

席克奇，张颜彬，孙守君，2003. 鸡配合饲料[M]. 北京：科学技术文献出版社.

杨宁，2002. 家禽生产学[M]. 北京：中国农业出版社.

杨山，李辉，2002. 现代养鸡[M]. 北京：中国农业出版社.

杨志勤，2003. 养鸡关键技术[M]. 成都：四川科学技术出版社.

杨志勤，2006. 家禽安全生产及疫病防治新技术[M]. 成都：四川科学技术出版社.

尹兆正，李肖梁，李震华，2002. 优质土鸡养殖技术[M]. 北京：中国农业大学出版社.

于致茂，梁荣，2000．最新实用鸡病诊断与防治[M]．北京：中国农业出版社．
岳华，汤承，2002．禽病临床诊断彩色图谱[M]．成都：四川科学技术出版社．
张敏红，2003．肉鸡无公害综合饲养技术[M]．北京：中国农业出版社．
张世卿，2008．绿色生态养鸡[M]．长春：吉林大学出版社．
张素辉，曹国文，2014．鸡病诊治你病我答[M]．北京：机械工业出版社．
赵芙蓉，李保明，施正香，等，2006．笼养肉仔鸡胸囊肿发生的机制及其影响因素[J]．中国家禽，28（20）：57-60．
赵振华，2006．禽白血病[M]．北京：中国农业出版社．
郑麦青，赵桂萍，李鹏，等，2014．我国肉鸡养殖规模化发展现状调研分析[J]．中国家禽：36（16）：2-7．
周安国，2002．饲料手册[M]．北京：中国农业出版社．
周艳茹，宋道利，张东升，2008．现代环境控制通风的管理要点[J]．中国家禽（6）：13-14．

附录1 肉鸡允许使用的药物一览表

药物名称	用药剂量和方法	宰前停药期（天）	最大残留限量（微克/千克）	其他
青霉素	5 000单位/只，2～4次/日，饮水	14	不得检测出该药物的含量	忌与氯丙嗪盐、四环素类磺胺类药物合用
庆大霉素	肌内注射5 000单位/（只·次）；饮水，每升水2万～4万单位	14	肌肉：100，肝：300	
卡那霉素	拌料，每千克饲料15～30毫克；肌内注射，每千克体重10～30毫克；饮水，每升水30～120毫克，2～3次/日	7（拌料、饮水）；14（注射）	肌肉：100，肝：300	
丁胺卡那霉素	饮水，每千克体重10～15毫克，2～3次/日	14	肌肉：100，肝：300	
新霉素	饮水，每千克体重15～20毫克，2～3次/日	14	肌肉/肝：250	
土霉素	拌料，每千克饲料100～140毫克	30	肌肉：100，肝：300，肾：600	
金霉素	拌料，每千克饲料20～50毫克	30	肌肉：100，肝：300，肾：600	
四环素	拌料，每千克饲料100～500毫克	30	肌肉：100，肝：300，肾：600	
黏杆菌素	拌料，每千克饲料2～20毫克	14	肌肉/肝/肾：150	
阿莫西林	5 000单位/只，2～4次/日，饮水	14	肌肉/肝/肾：50	
氨苄西林	5 000单位/只，2～4次/日，饮水	14	肌肉/肝/肾：50	

（续）

药物名称	用药剂量和方法	宰前停药期（天）	最大残留限量（微克/千克）	其他
恩诺沙星	饮水，每升水500～1 000毫克，2～3次/日	10	肝：200	
红霉素	饮水，每升水150～250毫克，2～3次/日	7	肌肉：125	
氢溴酸常山酮	拌料，每千克饲料3毫克	5	肌肉：100，肝：130	
拉沙洛菌素	拌料，每千克饲料75～125毫克	5	皮+脂：300	
林可霉素	饮水，每升水15～20毫克，2～3次/日；拌料，每千克饲料2.2～4.4毫克	7	肌肉：100，肝：500，肾：1 500	
壮观霉素	饮水，每升水130毫克，2～3次/日	7	可食用组织：100	
安普霉素	饮水，每升水250～500毫克，2～3次/日	7	未定	
达氟沙星	饮水，每升水500～1 000毫克，2～3次/日	10	肌肉：200，肝/肾：400	
越霉素	拌料，每千克饲料5～10毫克	5	可食用组织：2 000	
多西环素	饮水，每千克体重10～20毫克，2～3次/日	7	肌肉：100，肝：300 肾：600	
乙氧酰胺苯甲酯	拌料，每千克饲料8毫克	7	肌肉：500，肝/肾：1 500	
潮霉素B（效高素）	拌料，每千克饲料8～12毫克	7	可食用组织不得检测出该药物的含量	
盐霉素	拌料，每千克饲料60～70毫克	7	肌肉：600，肝：1 800	禁止与泰妙菌素、竹桃霉素并用
莫能菌素	拌料，每千克饲料90～110毫克	7	可食用组织：50	
马杜霉素	拌料，每千克饲料5毫克	7	肌肉：240，肝：720	饲料添加6（毫克/千克）以上会引起中毒

（续）

药物名称	用药剂量和方法	宰前停药期（天）	最大残留限量（微克/千克）	其他
新生霉素	拌料，每千克饲料200～350毫克	14	可食用组织：1 000	
赛杜霉素钠	拌料，每千克饲料25毫克	7	肌肉：369，肝：1 108	
复方磺胺嘧啶（磺胺嘧啶和甲氧苄啶）	拌料，每千克饲料磺胺嘧啶200毫克+甲氧苄啶40毫克	21	肌肉/肝/肾：50	
磺胺二甲嘧啶	拌料，每千克饲料200毫克	21	肌肉/肝/肾：100	
磺胺-2，6二甲氧嘧啶	拌料，每千克饲料125毫克	21	肌肉/肝/肾：100	

附录2 食品动物禁用的兽药及其他化合物清单

序号	兽药及其他化合物名称	禁止用途	禁用动物
1	β-兴奋剂类：克仑特罗Clenbuterol、沙丁胺醇Salbutamol、西马特罗Cimaterol及其盐、酯及制剂	所有用途	所有食品动物
2	性激素类：己烯雌酚Diethylstilbestrol及其盐、酯及制剂	所有用途	所有食品动物
3	具有雌激素样作用的物质：玉米赤霉醇Zeranol、去甲雄三烯醇酮Trenbolone、醋酸甲孕酮MengestrolAcetate及制剂	所有用途	所有食品动物
4	氯霉素Chloramphenicol及其盐、酯（包括：琥珀氯霉素Chloramphenicol Succinate）及制剂	所有用途	所有食品动物
5	氨苯砜Dapsone及制剂	所有用途	所有食品动物
6	硝基呋喃类：呋喃唑酮Furazolidone、呋喃它酮Furaltadone、呋喃苯烯酸钠Nifurstyrenate sodium及制剂	所有用途	所有食品动物
7	硝基化合物：硝基酚钠Sodium nitrophenolate、硝呋烯腙Nitrovin及制剂	所有用途	所有食品动物
8	催眠、镇静类：安眠酮Methaqualone及制剂	所有用途	所有食品动物
9	林丹（丙体六六六）Lindane	杀虫剂	水生食品动物
10	毒杀芬（氯化烯）Camahechlor	杀虫剂、清塘剂	水生食品动物
11	呋喃丹（克百威）Carbofuran	杀虫剂	水生食品动物
12	杀虫脒（克死螨）Chlordimeform	杀虫剂	水生食品动物
13	双甲脒Amitraz	杀虫剂	水生食品动物

（续）

序号	兽药及其他化合物名称	禁止用途	禁用动物
14	酒石酸锑钾 Antimony potassium tartrate	杀虫剂	水生食品动物
15	锥虫胂胺 Tryparsamide	杀虫剂	水生食品动物
16	孔雀石绿 Malachite green	抗菌、杀虫剂	水生食品动物
17	五氯酚酸钠 Pentachlorophenol sodium	杀螺剂	水生食品动物
18	各种汞制剂，包括：氯化亚汞（甘汞）Calomel，硝酸亚汞 Mercurous nitrate、醋酸汞 Mercurous acetate、吡啶基醋酸汞 Pyridyl mercurous acetate	杀虫剂	动物
19	性激素类：甲基睾丸酮 Methyltestosterone、丙酸睾酮 Testosterone Propionate、苯丙酸诺龙 Nandrolone Phenylpropionate、苯甲酸雌二醇 Estradiol Benzoate 及其盐、酯及制剂	促生长	所有食品动物
20	催眠、镇静类：氯丙嗪 Chlorpromazine、地西泮（安定）Diazepam 及其盐、酯及制剂	促生长	所有食品动物
21	硝基咪唑类：甲硝唑 Metronidazole、地美硝唑 Dimetronidazole 及其盐、酯及制剂	促生长	所有食品动物

附录3 肉鸡免疫用药参考程序

日龄	疫苗/药品	预防疾病/血清型	用法	剂量
1	马立克氏病疫苗	马立克氏病	注射	2头份
	新支二联疫苗	Clone30、H120、4/91	点眼	1头份
1～5	阿莫西林、复合多维、三黄翁	沙门氏菌、疫苗应激		
7	禽流感H9亚型新城疫二联苗	Lasota+H9N2	注射	0.3毫升
	新城疫疫苗	clone30、V4S	点眼或饮水	
10	法氏囊病疫苗	B87、228E、MB	饮水	1头份
11～13	黄芪多糖、复合多维	预防慢性呼吸道病、减轻疫苗应激，增强免疫能力		
14	禽流感H5亚型疫苗	H5N1	注射	0.3毫升
	新支二联疫苗	Clone30、H120、4/91	饮水	2头份
17	鸡痘疫苗	鸡痘病毒鹌鹑化弱毒株	刺种	1头份
	新城疫疫苗	clone30、V4S	饮水	3头份
18～23	妥曲珠利	驱球虫		
24	法氏囊病疫苗	B87、228E、MB	饮水	2头份
25～27	氟苯尼考、复合多维	预防慢性呼吸道病、减轻疫苗应激，预防大肠杆菌病		
30	新城疫禽流感抗体检测			